農村型事業と
アメリカ資本主義の胎動

共和国初期の経済ネットワークと都市近郊

橋川健竜

東京大学出版会

Rural Enterprise in the Rise of American Capitalism
Land-based Small Businesses in New Jersey and
Emerging Economic Networks in the Early Republic
Kenryu HASHIKAWA
University of Tokyo Press, 2013
ISBN 978-4-13-026145-6

農村型事業とアメリカ資本主義の胎動
　　——共和国初期の経済ネットワークと都市近郊

目　次

図表一覧　3

序章　都市近郊の農村と地域経済の発展 …………………………1
第1節　19世紀前半の近郊農村 ……………………………………2
1. ニュージャージー東部の農村と都市(2)／2. 1810年代の「革新」とその実情(6)
第2節　備えを持つ農村から19世紀前半を考える──研究史と本書の枠組み…14
1. 市場革命論の枠組み（15）／2. 市場革命論への批判（21）／3. 新たな農村・農民像（28）
第3節　ニュージャージーに見る地域的連関とネットワーク──本書の視角 …32
1. 共和国初期のニュージャージー（33）／2. 農村型事業と地域の連関およびネットワーク（40）／3. 本書の構成（45）

第1章　小麦粉
──リチャード・ウォルンの製粉事業に見る区域間連結, 1780年代 …………47
第1節　小麦を入手する ……………………………………………51
1. 都市と遠隔地から買い付けの試み（51）／2. 地元での小麦買い付け（57）
第2節　運搬と販売 …………………………………………………61
1. 搬送ルートの選択（61）／2. 収益の見込みと市場の選択（66）／3. 搬送をめぐるその他の要素（71）
第3節　ニュージャージーの小麦栽培の衰退──害虫と地域間競争 ……73
1. コムギタマバエと搬送費（73）／2. 製粉所のその後（75）
第4節　結論 ……………………………………………………77

第2章　森林（その1）
──サミュエル・ライトの薪事業にみる農村型事業の輪郭, 1810年代 …………81
第1節　蒸気船に関係した都市・農村のエリートたち ……………85
1. 蒸気連絡船会社（85）／2. ニューアークとその有力者たち（87）
第2節　人的ネットワークとサミュエル・G・ライト …………89
第3節　森の中の薪事業 ……………………………………………92
1. 事業の開始とライトの農場労働力（92）／2. 近隣の農民と伐採作業（97）

第4節　薪の搬送をめぐる諸問題……………………………………103
　　1. 監督人ジェイムズ・アップルゲイト（103）／2. 事業の展開と精算（106）
　第5節　結論——初期農村型事業の強さと弱さ………………………111

第3章　森林（その2）と地下資源（その1）
　　——農村型事業と区域間連結，1820〜30年代……………………115
　第1節　ライトの所有地…………………………………………………119
　　1. ニュージャージーと西部の所有地（119）／2. デラウェア州の土地とライトの土地・資源利用の考え方（120）
　第2節　ライトの製鉄所…………………………………………………125
　　1. ニュージャージーにおける初期製鉄業（125）／2. ライトの製鉄所運営（130）
　第3節　ライトの森林所有地……………………………………………136
　　1. 森林地の利用——薪と造船（136）／2. 森林地の利用——都市向け木炭生産（142）
　第4節　結論………………………………………………………………150

第4章　地下資源（その2）
　　——区域間連結の稠密化と農村型事業の限界，
　　　　1830〜40年代……………………………………………………153
　第1節　鉄鉱入手ネットワークの拡大…………………………………156
　　1. 鉄鉱の質をめぐる問題（156）／2. 他地域からの鉄鉱の入手——隣接地と州北部（159）
　第2節　事業からの撤退…………………………………………………166
　　1. 農村部製鉄所の構造的限界（166）／2. ライトの事業縮小——ニュージャージー南部（170）／3. ライトの事業縮小——ニュージャージー北部（173）
　第3節　結論………………………………………………………………178

終　章　共和国初期における農村型事業の位置………………183

　あとがき　　195

　索引（人名／事項）　　199

図表一覧

図序-1 ニューアークと湿地帯 ……………………………………………8
図序-2 湿地帯，ポーラス・フック，ニューヨーク ……………………9
図序-3 19世紀初頭のニュージャージーの土地利用 ……………………37
図1-1 フィラデルフィア …………………………………………………55
図1-2 19世紀初頭のニュージャージー中部 ……………………………63
図3-1 ニュージャージー南部の製鉄所，1810年ごろ …………………128
図3-2 18・19世紀前半の製鉄所溶鉱炉 …………………………………129
図3-3 グロスター・プレイス（1837年ごろ） …………………………138
図3-4 木炭の生産法（断面図） …………………………………………143
図4-1 ニュージャージーの主要2運河 …………………………………163
図4-2 モリス運河を進むボート …………………………………………164

表序-1 ジェラード・ラトガースの農場で1803年に植え付け・収穫が行われた
　　　農作物 ……………………………………………………………………3
表序-2 ウィリアム・マレーの農場で1804年に植え付け・収穫が行われた
　　　農作物 ……………………………………………………………………5
表1-1 小麦買い付けのパターン，1783年，1786年，1788年，1789年 ………57
表1-2 ウォルンフォードから送り出し港および都市市場への輸送の状況，1784
　　　〜1786年 …………………………………………………………………64-65
表1-3 ウォルンフォードより搬送されたトウモロコシ粗挽き粉と小麦粉，1784
　　　〜1786年 …………………………………………………………………67-68
表1-4 特級小麦粉の価格，1785年，1786年 ……………………………………69
表1-5 ウォルンフォードからの製粉製品の搬送，1800年，1801年 …………76
補遺　ウォルンフォードの地元農民からの穀物買い付け，1783〜1805年 …79
表2-1 アララトにおける伐採夫，1813年9月28日〜1814年1月15日 ………98
表2-2 アララトの伐採夫の雇用条件，1813年9月〜1814年1月 ………………99
表2-3 1813年10月〜1814年1月の地元伐採夫，およびサウス・アンボイ・
　　　タウンシップ下半分全住民（1817年）の土地占有状況 …………………100
表2-4 アララトから搬送された薪，1813〜1816年と購入者 …………………107
表2-5 ヨーク・アンド・ジャージー蒸気連絡船会社向けの薪および船舶による
　　　配達回数，1813〜1816年 ……………………………………………………108
表3-1 グリーンウッドで1828年，29年に行われた作業の種類と人数 ………145

表終-1　エセックスおよびモンマス・カウンティにおける主要製造業5種と生産額，1840年と1860年 …………………………………………………185
表終-2　ニュージャージーのカウンティにおける農作物，1850年……………190

序章

都市近郊の農村と
地域経済の発展

第1節　19世紀前半の近郊農村

1．ニュージャージー東部の農村と都市

　革命期マンハッタンの主要地主の1人ヘンリー・ラトガースの親戚で，自らもニューヨーク市に土地を所有していたジェラード・ラトガース（1766～1831年）は，1795年以降，ニューヨークから10マイルほどにあたる対岸のニュージャージー州エセックス・カウンティで，人を雇って農場を営み始めた。彼自身はニューアーク，エリザベスやニューヨークといった近隣の町や都市に出かける，隣人と会食するなどして人づき合いに時を過ごし，自分では農作業を手がけなかった。典型的なニュージャージー農民と呼ぶには富裕すぎるラトガースはしかし，1803年から1829年まで27年にわたって，日の出日の入り，月の出入り，天気を「天候観察録（Book of Meteorological Observations）」という記録に記していた。そこには毎日の出来事についての短い記述もある。ラトガースの社交についての記録のほかに，植え付けや除草，収穫など農場での作業への言及もあり，不十分ながら，彼の農場でいつ何が行われていたかを知ることができる[1]。

　この記録によれば，1803年にラトガースの農場では多様な作物を栽培していた（表序-1）。3月以降，キャベツやサラダ菜など数多くの菜園用野菜と，トウモロコシの植え付けが続いた。5月まで植え付けがあり，6月は除草と，彼の農場で働く農民たちは忙しい日々を過ごしたと言える。7月にはライ麦の収穫と干し草の刈り入れがあり，10月，11月にはトウモロコシ，カブ，ジャガイモなどの収穫があって，もう1つの作業の山をなした。7月，8月，10月，11月，12月にはライ麦の脱穀もしている。また夏の末から冬の初めにかけてリンゴの取り入れがあり，リンゴ酒（シードル）造りが途絶えることがなかった。冬には農作業はあまりないが，農場では木の伐採と柵

---

[1] Gerard Rutgers Diary ("Book of Meteorological Observations"), Gerard Rutgers Papers, Special Collections and University Archives, Rutgers University Library. この人物のニューヨークの土地の賃貸について同史料の1803年3月の記載の余白を，また1808年1月1日および1829年9月1日時点の土地所有一覧について，Gerard Rutgers Business and Household Account Book, 1792-1831, ibid., を参照。

表序-1 ジェラード・ラトガースの農場で1803年に植え付け・収穫が行われた農作物

月	植え付け	収穫
1月	―	（木材）
2月	―	（木材）
3月	カブ，豆，早生ジャガイモ，サラダ菜，キュウリ，六週豆	―
4月	タマネギ，六週豆，砂糖大根，カブ，ハツカダイコン，セロリ，パセリ，トマト	アスパラガス
5月	サヴォイキャベツ，トウモロコシ，カボチャ	サラダ菜，アスパラガス，ハツカダイコン
6月	―	―
7月	―	ライ麦，干し草
8月	―	干し草，リンゴ
9月	―	トウモロコシ
10月	―	カラス麦，トマト，トウモロコシ，ジャガイモ，リンゴ
11月	―	カブ，トウモロコシ，ブタ，牛，（木材）
12月	―	（木材）

注：木材は農場の外で収穫された可能性があるため，括弧に入れて記した。動物については，屠殺された家畜を指す。

出所：Gerard Rutgers, "Book of Meteorological Observations," Gerard Rutgers Papers, Special Collections and University Archives, Rutgers University Library, より作成。

の補修をしている。1803年の記録は菜園の野菜類の植え付けに多く言及していて，秋にライ麦を植え付けたとの記載はないが，前年に植え付けた分のライ麦の収穫と脱穀が行われているので，彼の農場では穀物栽培も行われたと考えられる。ラトガースが記録をつけた最後の年1829年まで，この労働のサイクルは変わることなく続いた。1829年にも，ラトガースの農場では1月と2月に木を伐採し，4月には菜園を整えてクローバーの種とカラス麦をまき，5月はトウモロコシの植え付け，6月と7月は干し草の刈り入れと運搬，9月にライ麦の植え付け，10月はリンゴの摘み取りがあり，11月にはトウモロコシを収穫している[2]。

植え付ける作物の種類が多く，農作業が早春から晩秋まで続いたラトガースの農場が例外ではないことは，ウィリアム・マレー（1771〜1834年）の

---

[2] Rutgers Diary, 1803 entries, passim; ibid., January 28, February 11, April 13, 15, May 18, June 27, July 7, 28, September 22, 25, October 28, November 4, 1829.

帳簿からもわかる。マレーはニュージャージー州中部モンマス・カウンティのミドルタウン・タウンシップに住むレンガ工で、農場も構えていた。日曜にはバプテストの礼拝への出席を欠かさず、政治的にはジェファソン派で選挙があると投票に出向き、地元民兵組織の訓練行事にも参加するという、地域に根ざした生活を営んだ人物であった。課税台帳によると、彼は1795年には40エーカーの土地を持っていたが、1811年には90エーカーに増やしている。この16年間のうちに彼は馬2頭を飼い、牛を2頭から5頭に増やし、1795年には持っていなかった奴隷も1人手に入れていて、1811年には息子と一緒に雑貨店も営んでいた。レンガ工として隣人の家の煙突や暖炉作りにかなりの時間を費やしてはいるが、マレーと労働者（おそらくは徒弟扱いの少年たち）はそれ以外の時間、農作業をしている（表序-2）。春には豆類、亜麻、カボチャ、ジャガイモ、トウモロコシなどさまざまな野菜と穀物を植え付け、夏には麦類や干し草の収穫で忙しく、秋には翌年に向けて麦類を植える一方でリンゴを摘み取って、冬の到来する前にトウモロコシとジャガイモを取り入れて、冬は木を集めた[3]。

この2つの農場の間には、マレーは農業労働をしたがラトガースはしなかったこと以外にも違いがある。たとえば使った肥料が同じではない。マレーは肥料として、泥灰土（marl）、刈り取った雑草、家畜の糞、リンゴ酒用に搾ったリンゴの搾りかすなど、農場の近辺で入手できるものを用いている[4]。それに対し、ラトガースは地元でなく、まったく違った場所から肥料を入手している。1803年4月7日、23日と5月12日、彼の農場近くの船着場にスクーナー船が着き、毎回彼の農場用に、ニューヨークから60山の堆肥を運

---

3) William Murray Diary, entries for January 1 and 2, 1804, Murray Family Papers, Special Collections and University Archives, Rutgers University Library; tax ratable for Middletown Township for 1795, New Jersey State Archives; tax ratable for Middletown Township for 1811, Special Collections and University Archives, Rutgers University Library; Peter O. Wacker and Paul G. E. Clemens, *Land Use in Early New Jersey: A Historical Geography* (Newark: New Jersey Historical Society, 1995), map 12 (p. 96). 1780年にはミドルタウン・タウンシップの農場サイズの中間地は150〜200エーカーの間にあった。

4) Murray Diary, February through April 1803 entries, and September 28 and October 5, 1804.

表序-2 ウィリアム・マレーの農場で1804年に植え付け・収穫が行われた農作物

月	植え付け	収穫
1月	—	—
2月		（木材）
3月	クローバー	—
4月	スモモ, 燕麦, 亜麻	
5月	豆類, トウモロコシ, カボチャ, 菜園の種各種	羊毛
6月	豆類, キャベツ	
7月	ジャガイモ	燕麦, 干し草, 亜麻, ライ麦, 赤クローバー
8月	—	—
9月	ライ麦	
10月	小麦	トウモロコシ, リンゴ
11月		ジャガイモ, カブ, ブタ, （木材）
12月		（木材）

出所：William Murray Diary, Murray Family Papers, Special Collections and University Archives, Rutgers University Library, より作成。

んできている[5]。明らかにラトガースのほうが，都市に接触するための経済的資力を多くもっていた。だがマレーの生活も，経済的に完全に地元にとどまるものではなかった。彼の帳簿には，1805年3月21日，「Ms［マレーの若い労働者のイニシャル］，デュボイス船長の船に羊6頭を載せる」とあり，4月6日には「ニューヨークから私の羊の分5ドル半を受け取る」とある。彼の農場経営の成果はニューヨークに直接渡っていて，金銭収入をもたらしていたのである。こうした記録は多くないので，彼はこの種の収入に依存してはいなかったと思われるが，この6頭の羊は，農村から都市への物資の移動の端的な例である。また，マレーの親類が1名ニューヨークに在住だったと思われる。1804年1月に彼のところにやってきた「ジェイムズ・マレー」は，「狩り」などを楽しんだとある[6]。

---

5) Rutgers Diary, April 7, 23, May 12, 1803.
6) Murray Diary, January 7, 10, 15, 1804, March 21, and April 6, 1805. 引用は1804年1月10日，1805年3月21日，同年4月6日付の記載から。納屋に納めた穀物の量について時折言及があり，それをジェイムズ・レモンが算出した，農民家族が暮らしていくのに必要な穀物の量の推計値と照らし合わせると，マレーはおおよそ家族が食べる分に困らなかったことがわかる。マレーの農場には最低5人が生活しており，彼は小麦8ブッシェル（1804年2月4日），ライ麦18ブッシェル（1804年3月10日）を持っていた。5人ないし6人の農民家族について，レモンの推計値は小麦13.2ブッシェル，ライ麦5.4ブッシェルである。マレー

ニュージャージーの農場は，細々とであれ大々的にであれ，外の社会とつながっていた。富裕なラトガースも，それほどではないマレーも，農場経営にあたっては特定の作物に特化することはなく，おそらく自分の農場で収穫された作物を食していたが，他方，血縁関係でも経済的な取引においても，ニューヨークとのつながりをもっていた（ただし，やりとりの頻度や内容には相当な差がある）。農民は自分の食する食料を自分の農場で得ていたが，彼らは同時に，外の世界と無縁ではなかったのである。彼らのこのような生活から，どのような 19 世紀前半のアメリカ像が見えてくるだろうか。

2. 1810 年代の「革新」とその実情

19 世紀前半のアメリカといえば，1815 年以降，都市人口の増加，工業の出現，通信・輸送技術の革新，内陸開発などをつうじて，社会の経済的・社会的な構成が根本的に変わっていったとするのが一般的な理解である。新しい分野に乗り出して成功した発明家や事業家，技術者などを取り上げて，この時代には進取の気風が社会に広がったと論じることは容易である。だがこうした人々の活動は，ラトガースやマレーの生活世界と，どのように重なっていただろうか。ジェラード・ラトガースの記録を他の史料と突き合わせて読むと，それら時代の新機軸が一気にアメリカ社会を変えていったと論じるのは，単純化がすぎることが明らかになる。

ラトガースは 1812 年，19 世紀初めにニュージャージーの農場に達し始めた新しい動きの具体例について記している。1812 年 7 月 21 日，ラトガースは「新しい蒸気船でジャージーからニューヨークに渡った」。ニューヨーク市長カドワラダー・D・コールデンを含めニュージャージーとニューヨークの有力者が手配して，発明家ロバート・フルトンの手になる蒸気船を，マンハッタンとハドソン川対岸のポーラス・フックを結ぶ航路に就航させたのである。当時の新聞によると運行初日，「両岸にはこの好ましい物体を見物に，

はレモンの推計値より小麦の所有が少ないが，第 1 章で見るとおり，ニュージャージーでは 1804 年までに小麦は栽培されなくなっていた。Ibid., February 4, March 10, 1804; James T. Lemon, "Household Consumption in Eighteenth-Century America and Its Relationship to Production and Trade: The Situation among Farmers in Southeastern Pennsylvania," *Agricultural History* 41: 1 (January 1967): 62.

何千もの人が出ていた」。だが，蒸気船が当時の新機軸の最たるものだったとしても，これが人と物資の輸送を決定的に掌握したと想定するのは誤りである。ラトガースの農場で働くフランクは同年10月27日，この蒸気船に乗って「リンゴ酒のブランデー1樽，リンゴ酒2樽，リンゴ2樽と袋1つ」をニューヨークに運んだ。しかしフランクは翌月20日に再度ニューヨークに出向いたときには，「ジョーダンのスクーナー船で，リンゴ酒20樽をヘンリー・ラトガース大佐に」運んだのだった。蒸気船は便利なはずだが，スクーナー船が使えるかどうか，また運ぶ物資の量のほうが，使う船舶の決定に大きく作用したことになる[7]。

そして，リンゴ酒20樽をポーラス・フックに運ぶのは魅力的な仕事ではなかった。ニュージャージー東部の中核的な町の1つニューアークと州境のポーラス・フックの間には，ニューヨーク湾に注ぐパセイックとハッケンサックという2つの川が流れていて，河口にかけて2マイルに及ぶ巨大な湿地帯ができていた。この土地は農業をはじめおよそすべての用途に不向きとされ，住む人もほとんどなかった。湿地帯の淀んだ水からは大量の蚊が発生し，ニューアークの住民は病気の媒介を恐れた。1790年代にポーラス・フックに向けて，丸太を並べて上に砂をかけた連絡路が敷かれたが，ここを通る馬車はひどく揺れて，旅行者からは厳しいコメントが相次いだ。旅行ガイドブックも，この「道路は多くの部分が不快」，とはっきり記している。また，あるニューヨーク商人は，「ニュージャージーの農民は作物をニューヨーク市場に持ってくるのに非常に苦労し，多くが湿地を通ってくるのを拒否した。丸太の通路があまりひどいので，ニューアークまでしか来ようとしなかった」とのちに振り返っている（図序-1, 2）[8]。

---

7) Rutgers Diary, July 21, October 27, November 20, 1812; *Centinel of Freedom*, July 21, 1812; Daniel Van Winkle, ed., *History of the Municipalities of Hudson County, New Jersey 1630-1923*, 3 vols. (New York: Lewis Historical Publishing Company, 1924), 1: 93-94. この蒸気連絡船会社については第2章を参照。

8) Timothy Twining, *Travels in America 100 Years Ago* (New York: Harper, 1894), 140-144, particularly 144; Isaac Weld, *Travels through the States of North America, and Provinces of Upper and Lower Canada during the Years 1795, 1796, and 1797*, 3 vols. (London: John Stockdale, 1807), 1: 261-263; *Centinel of Freedom*, June 20, 1809; S. S. Moore and T. W. Jones, *The Traveller's Directory; or A Pocket Companion Shewing the Course of the*

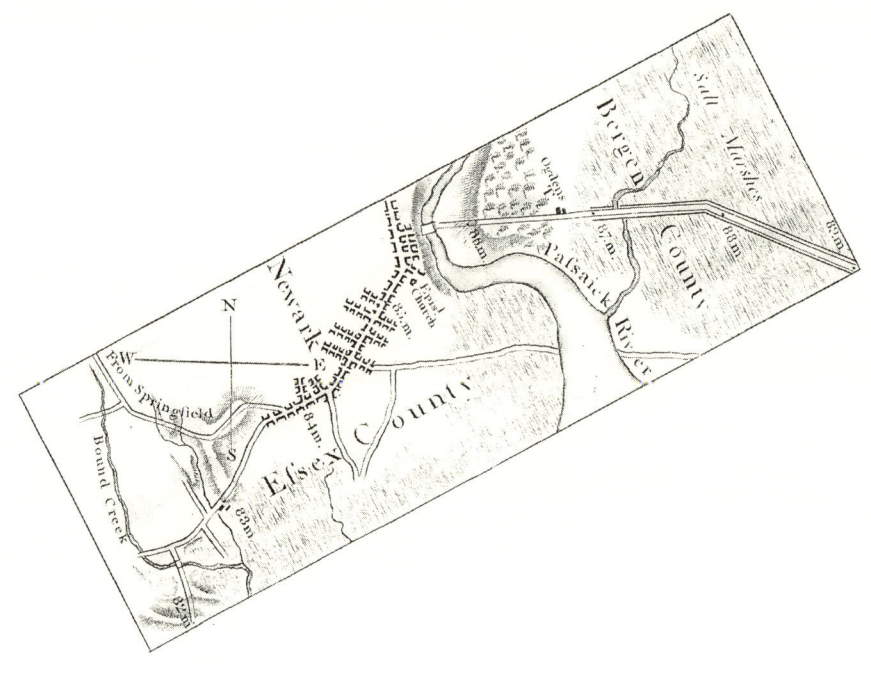

図序-1 ニューアークと湿地帯
S. S. Moore and T. W. Jones, *The Traveller's Directory; or A Pocket Companion Shewing the Course of the Main Road from Philadelphia to New York and from Philadelphia to Washington* (Philadelphia: Mathew Carey, 1804), Plate 14.

Main Road from Philadelphia to New York and Washington (Philadelphia: Mathew Carey, 1804), 31-32; William Earl Dodge, "A Great Merchant's Recollections of Old New York, 1818-1880," *Valentine's Manual of Old New York*, no. 5, new series (1921): 168.

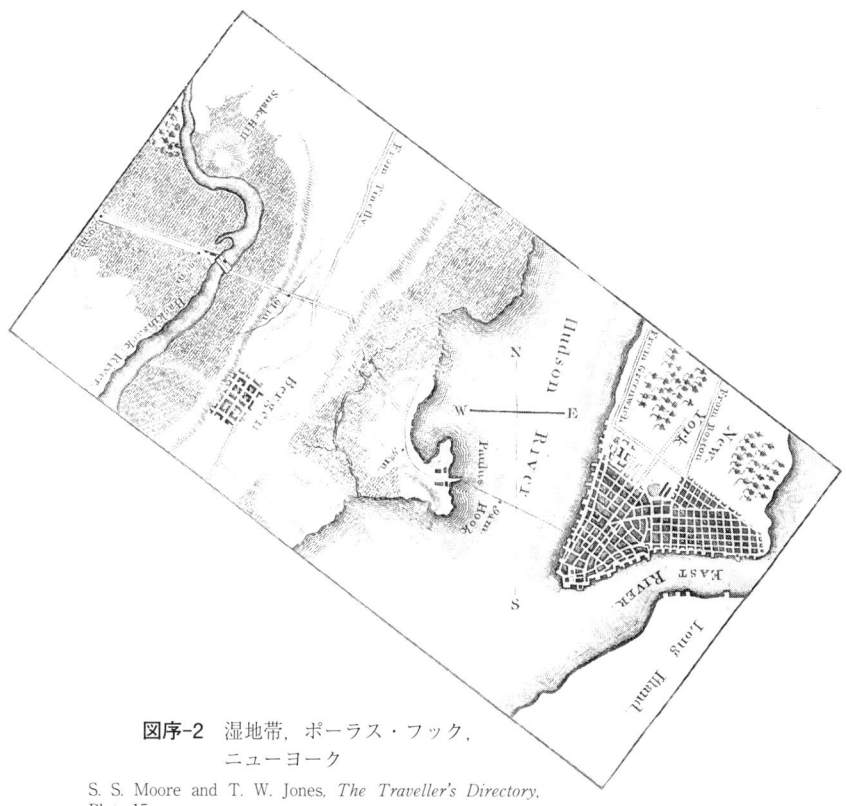

図序-2 湿地帯，ポーラス・フック，
ニューヨーク

S. S. Moore and T. W. Jones, *The Traveller's Directory*, Plate 15.
なお序-1，2は南北の方位でそろえて配置した。

新しい家畜の導入も，この時代の新機軸の1つである。1812年5月7日，ラトガースの兄弟であるロバートはニューヨークに向かい，「1頭あたり7ドルで，私［ジェラード］のためにメリノ羊2頭を購入」した。ラトガース自身も翌月11日にニューヨークに向かい，メリノ羊をさらに2頭購入，それぞれ26ドルと18ドルを支払っている。高品質な羊毛を産するこの羊に関心を示したのはラトガースだけではない。外交官を務めたロバート・リヴィングストンがナポレオン侵攻下のスペインからメリノ羊を持ち帰って以来，1800年代と1810年代のアメリカ東部は「メリノ狂」時代であった。リヴィングストンにとって，自分も援助していた蒸気船開発に劣らず，羊は大きな関心事だった。高品質な羊毛に魅力を感じて多くの有力者がこの羊に投資し，純血種・雑種のメリノ羊を他の農民に販売した。1814年，ニュージャージーには3807頭の純血種のメリノ羊，2万5826頭のメリノ系雑種がいた。これは合わせると州内の羊の10.49パーセントにあたる。しかし1820年までに，この羊への熱狂はいったん終息する[9]。

　メリノ羊の繁殖は，これを先導した人々が自分の野心を国への貢献に結びつけた点でも，高い期待とともに始まったが成功せずに終わった経済事業の典型例である。メリノ羊への投資を語る際，彼らはこれが農業の改良であること，アメリカ社会に貢献するだろうことを強調した。そのよい例は，ニュージャージー州東部の大地主で，同州選出の初の上院議員でもあったジョン・ラザフォード（1760～1840年）である。彼は1783年に州内北東部サセックス・カウンティの湿地および農場3489エーカーを父親から相続し，人を雇って耕させ，地代で生活していた。彼は1786年に州内の経済状況を概観し，農業が十全に発達していないことを嘆いていた。彼が嘆いたことの1つは，ニュージャージーの農民が「冬と春に餌を与えないせいで，飼う羊の

---

9) George Dangerfield, *Chancellor Robert R. Livingston of New York, 1746-1813* (New York: Harcourt, 1960), 423-438; Percy Bidwell and John Falconer, *History of Agriculture in the Northern United States 1620-1860* (Washington, D.C.: The Carnegie Institution Press, 1929; reprint, New York: Peter Smith, 1941), 217-220; Lawrence A. Peskin, *Manufacturing Revolution: The Intellectual Origins of Early American Industry* (Baltimore: Johns Hopkins University Press, 2003), 120-123, 173-177; *Niles' Weekly Register* 8 (April 29, 1815): 13.

数が少ない」ことだった。「飼っていればこれほど利益の上がるものはない」，と彼は考えていた[10]。

　1810年，ラザフォードはロバート・リヴィングストンらから羊を買い入れたが，これは自分の個人的な経済的利益だけを図ってのことではなかった。同年8月，彼は35頭の雄羊をバーゲン・カウンティにある自分の農場（「モンメリノ」という名である）から，サセックス・カウンティのもう1つの農場までニューアーク経由で移動させ，羊飼いにはニューアークで羊を販売することを許可した。「販売で利益を上げるよりも，国の利益となる種の羊を広めることのほうを，より希望している」と彼は述べている。6名の買い手が現れ，1頭あたり6～7ドルで購入したのを受け，「デイ，スティルウェル，ボールの各氏，そして何名かのアマチュアたちが購入者である」と彼は喜びをあらわにしている（下線を追加した）。彼にとっては，これは彼自身が1786年に記した「生産物が少なく輸出品も減ってきていることを考えれば，自ら［衣服を］生産して輸入を減らさぬかぎり，我々は大変貧しい国となるであろう」という悲観的な予測を覆せる，小さな一歩であった。農業，製造業，開発改良，国の安寧は，この時期の有力者の頭の中ではつながっていたのである[11]。

　こうしたつながりを大胆に展開させた一例として，ジョン，サミュエル，ロバートのスワートワウト三兄弟がある。ジョンはニューヨーク商人，ロバートはニューヨーク市評議会のメンバーであった。サミュエルは1830年代

---

10) John Rutherfurd accounts of farms and tenants, 1783-1798, Rutherfurd Family Papers, Special Collections and University Archives, Rutgers University Library; Rutherfurd, "Notes on the State of New Jersey," *Proceedings of New Jersey Historical Society* 1: 2 (1867): 87. ラザフォードについては以下を参照。Richard A. Harrison, ed., *Princetonians 1776-1783: A Biographical Dictionary* (Princeton: Princeton University Press, 1981), 107-112.

11) Receipts and certificates of merino ram from Charles French to John Rutherfurd, May 25, 1810; R. Briggs to Rutherfurd, June 15, October 6, 1810; receipt from James Seton to Rutherfurd, September 27, 1810, Rutherfurd Papers, New-York Historical Society. フレンチとブリッグズはデイヴィッド・ハンフリーズおよびロバート・R・リヴィングストンの代理人であり，シートンはニューヨーク市の羊売買業者である。羊の移動については以下を参照。Rutherfurd to Samuel Steel, August 8, 1810; record of sale, August 10, 1810; memorandum dated August 8, 1810, ibid.; Rutherfurd, "Notes," 85.

後半にニューヨーク税関で使い込みをして発覚し，悪名をはせることになるが，1810年代，20年代には，ニューヨークでさまざまな事業を手がけていた（ただし成功した事業は1つもない）。当時の会合などでは，市の主要政治家や民間の指導的人物とともに，この兄弟の名が並ぶことが多かった。1815年12月30日，サミュエルはウィリアム・ベイヤード，カドワラダー・D・コールデン，デウィット・クリントンなどと共に，エリー運河の建設を振興する会議に参加している。また彼らはニューヨークとニュージャージー州ホーボーケンを結ぶ連絡船運行事業を借り受けし，さらにポーラス・フックとニューヨークを結ぶ別の連絡船の運航権も得ようとした[12]。

スワートワウト兄弟の開発改良事業の1つは，ポーラス・フックとニューアークの間の湿地帯を干拓し，そこで牧草の収穫と牛の放牧を行ってニューヨーク市に牛乳を供給する，というものであった。三兄弟は資本を合わせてこの土地を3000エーカー以上買い取り，排水を試みた。サミュエル・スワートワウトは「利益を上げることを念頭に置くなら，農業は……市場から離れていては絶対に成功しない」と述べ，『ニューヨーク・イヴニング・ポスト』に広告を掲載して労働者を集め，7本の排水路を引いて，長さ5マイル半，幅16フィートに及ぶ堤防を築きにかかった。「たくさんの人々が兵士のごとき要領で野営し，ハッケンサック川を囲む広大な湿地帯に排水路を設ける作業をしていた」と，1815年夏に東海岸の都市を回る旅でこの湿地帯を通ったボストン商人は記している。数年のうちに，1000エーカーの土地が干拓された[13]。

---

12) B. R. Brunson, *The Adventures of Samuel Swartwout in the Age of Jefferson and Jackson* (Lewiston, N.Y.: The Edwin Mellen Press, 1989); Evan Cornog, *The Birth of Empire: DeWitt Clinton and the American Experience, 1769-1828* (New York: Oxford University Press, 1998), 3-11, esp. 5. Nancy Isenberg, *Fallen Founder: The Life of Aaron Burr* (New York: Viking, 2007), 243-249, 311-371, 385-386, も参照。

13) Timothy Bigelow, *Diary of a Visit to New Port, New York, and Philadelphia During the Summer of 1815* (Boston: privately printed, 1880), 13; *New York Evening Post*, May 30, 1815; communication by Ch. G. Haines, *American Farmer* 1: 15 (July 9, 1819): 117-118; Samuel Swartwout, "On Reclaiming Salt-Marshes," ibid., 1:35 (November 26, 1819): 277-278, 277 (引用); "New Jersey Salt Marsh Company" (New York: printer unknown, 1820), broadside available at New Jersey Historical Society. 以下も参照。John Brooks, "The Meadows—1," *The New Yorker* (March 9, 1957), 98-115, esp. 106-108. この事例ほど目立た

この事業は資金不足に起因する挫折という，この時代の開発改良事業に典型的なパターンをたどった。内陸開発を進めた人々が連邦政府から地方政府にまで資金援助を求めたように，スワートワウト兄弟は自分たちだけでは資金が十分でないと気付き，ニューヨーク市に援助を求めた。しかし市は，ニュージャージーの湿地帯は市の管轄外であるとして断った。さらに1819年9月には，大雨のためポーラス・フック～ニューアーク間の低湿地の水面が上昇し，スワートワウトの土地にあふれて堤防を破壊した。1815年12月にエリー運河についての会議に出席していた1人であるニューヨーク住民ジョン・ピンタードは，この事態に接して，「何年にもわたって巨大な額が注がれることになっていたが，この事業心ある兄弟は完全に破滅するのではないか」と書いている。兄弟は干拓事業を生き永らえさせようとカドワラダー・D・コールデンを社長に迎え，1820年1月28日，ニュージャージー州法によりニュージャージー塩沢地会社を設立した。だが同年6月に株式購入受付の開始を決議したこの会社が，その後いつまで存続したかは不明である。1825年にニュージャージー州議会に提出した嘆願書の中でサミュエル・スワートワウトは，堤防は「湿地帯の1名，あるいは複数の土地所有者によって……維持されています。その他の所有者たちはその維持管理また当該湿地帯の改良に，1ドルたりとも拠出することを拒んでいます」と書いている。資金提供を拒んだ「所有者」たちは，金を払うことなく牛を放牧していた。ロバート・スワートワウトは1830年代までこの事業を続けたが，成功しなかった[14]。

　　　ないが，干拓は他にもニュージャージー沿岸部で多く行われた。Gabrielle M. Lanier, *The Delaware Valley in the Early Republic: Architecture, Landscape, and Regional Identity* (Baltimore: Johns Hopkins University Press, 2005), 118-128, を参照。

14) *Minutes of Common Council of New York City 1784-1831*, 19 vols. (New York: City of New York, 1917), 8: 589-590; vol. 10: 519-521; John Pintard to Eliza Noel Pintard Davidson, February 24, 1819, in John Pintard, *Letters from John Pintard to His Daughter, Eliza Noel Pintard Davidson, 1816-1833*, 4 vols. (New York: New-York Historical Society, 1940-1941), 1: 225; "New Jersey Salt Marsh Company"; petition of Anthony Dey and Samuel Swartwout to the Legislature Concerning the Maintenance of a tract of Meadow, New Barbados Township, Bergen County, November 1825, item #2451AM, AM Papers (Secretary of State's Office, Department of State), New Jersey State Archives; Samuel Swartwout to Robert Swartwout, October 23, 1834, December 6, 1837; Robert Swartwout

ニュージャージー州は 1810 年代中ごろまでに，時代の耳目を集めるこうした新機軸に彩られ始めた。メリノ羊，蒸気連絡船，干拓事業はそのごく一部にすぎない。これらの試みがこの時代の大きな運動の一環であったことは，各種事業に関与した人名が重なっていることからわかる。これらの人物はこの時代のエリートで，都市在住だが農村部にも土地を所有し，科学技術から製造業，農業にまでリーダーシップをとろうとしたのである[15]。今日の歴史研究者は，共和国初期の全国的市場経済の形成につながったのはこうした試みである，と主張している。蒸気船やエリー運河などは，確かに，アメリカ社会全体がその姿を変えていく素地となった。だがそうした試みの中には，より目立たない，時にはまったく芽の出ない事業もあったと考えるべきであろう。そうだとすればその大変革は，単一の包括的な概念を 19 世紀前半全体にあてはめた場合に想定されるより，ずっとたどたどしく進んだものと考えられる。

第 2 節　備えを持つ農村から 19 世紀前半を考える
──研究史と本書の枠組み

　19 世紀前半の社会を変えたとされるさまざまな新機軸を具体的に検討すると，しばしばそれらが小規模・脆弱で，発展の見込みも定かでなく，いまだ農業が中心であった社会で行われたことに気付く。そうであるなら，エリー運河を通じた流通の活発化や工場制工業の出現など，この時代を先導したとされる出来事に劣らず，農場経営の改善を図る些細な取り組みや，農村で営まれた小規模な事業も，当時の経済においては先端的だった可能性があるのではないか。本書はこのような立場に立ち，18 世紀末から 19 世紀前半の

---

　　　to Samuel Swartwout, December 8, 1837, Robert Swartwout Papers, New York Public Library; Brooks, "Meadows—1," 106-111. 内陸開発と資金をめぐる政治過程については，櫛田久代『初期アメリカの連邦構造　内陸開発政策と州主権』（北海道大学出版会，2009 年）。
15)　これらの人物の科学技術観，政治体制観，開発改良そのものへの認識一般について，以下を参照。John F. Kasson, *Civilizing the Machine: Technology and Republican Values, 1776-1900*（New York: Penguin Books, 1977）, 3-51; Carol Sheriff, *The Artificial River: The Erie Canal and the Paradox of Progress, 1817-1862*（New York: Hill and Wang, 1996）, 22-51.

農村部の事業家——この言葉を広い意味で用いる——が営んだ事業を検討する。18世紀後半から1840年代にかけ，都市部でのさまざまな物資需要の増大に応じるべく，都市在住であれ農村出身であれ，事業家的傾向をもつ人物は自分が農村部に所有していた不動産を開発し，その土地にある天然資源，また地元の農産物を利用して事業を営んだ。こうした事業は，農村で生活の安定を確保した層が，その安定を基盤に，自分の流儀で市場との関係をつくろうとした試みであると考えうる。

1. 市場革命論の枠組み

　農村らしさを維持した市場への関わり方の特徴と，それがいつまで続きえたかを考えることは，19世紀市場経済の役割と意義についての有力な解釈とは重点を変えて，市場の発達とアメリカ社会の変質を把握する一助となる。本節では研究史を振り返り，枠組みの再考が求められる理由を確認したい。

　研究者の間では1980年代から90年代に，全国的に浸透していく市場と普通の農民・職人との間に，対立関係を見出して強調する見解が注目を集めていた。市場革命論と呼ばれるその枠組みは，社会史が強調した「下からの歴史」を志向し，農民や職人を分析・叙述の中心に据えている[16]。その根拠と

---

[16] 市場革命論をめぐっては数多くの通史や研究動向の整理が発表されており，本研究はそれらから多くの示唆を得ている。ここではそのいくつかを挙げるにとどめる。Charles Sellers, *The Market Revolution: Jacksonian America, 1815-1846* (New York: Oxford University Press, 1991); Christopher Clark, *Social Change in America: From the Revolution through the Civil War* (Chicago: Ivan R. Dee, 2006); John Lauritz Larson, *The Market Revolution in America: Liberty, Ambition, and the Eclipse of the Common Good* (Baltimore: Johns Hopkins University Press, 2010); Sean Wilentz, "Society, Politics, and the Market Revolution, 1815-1848," in *The New American History*, ed. Eric Foner (Philadelphia: Temple University Press, 1990), 51-71; Paul E. Johnson, "The Market Revolution," in *Encyclopedia of American Social History*, ed. Mary Kupiec Cayton, Elliott J. Gorn, and Peter W. Williams (New York: Charles Scribner's Sons, 1993), 545-560; Melvin Stokes and Stephen Conway, eds., *The Market Revolution in America: Social, Political, and Religious Expressions, 1800-1880* (Charlottesville: University Press of Virginia, 1996); Cathy Matson, "A House of Many Mansions: Some Thoughts on the Field of Economic History," and Seth Rockman, "The Unfree Origins of American Capitalism," in *The Economy of Early America: Historical Perspectives and New Directions*, ed. Cathy Matson (University Park: University of Pennsylvania Press, 2006), 1-70, 335-361; Woody Holton, "American Revolution and Early Republic," and Seth Rockman, "Jacksonian America," in *American*

なった研究の議論を農村について確認すると、1970年代末から歴史研究者は、18世紀末〜19世紀前半の農民や職人について、その残した帳簿、またタウンやタウンシップの課税台帳などを丹念に検討して、彼らの暮らし向きの変化を数十年単位でたどっていた。こうした研究が描き出すのは、農村が19世紀前半に、資本主義というそれ以前とはまったく異なった経済体制に移行した、その過程である。植民地時代から建国期にかけて、自家消費を目的にする（subsistent）農業を営んでいた農民が、19世紀中葉にかけて市場にかかわりをもつようになり、農場経営の方針を次第に転換して、金銭収入の獲得と商業的農業へと向かったというのである。以下、主要な論点をまとめてみよう。

北部の農民は植民地時代以来、「独立」の維持、すなわち自分たちの食する作物を栽培して、農場を守り、子孫に伝えることを目標としていた。家族の労働によって小麦、ライ麦、トウモロコシ、大麦、カラス麦、豆類、干し草、亜麻など、さまざまな作物を自家用に必要な分だけ栽培し、また牛・豚などの家畜を飼っていて、特定の商品作物に特化することはなかった。必要な作物・物資すべてを自分の農場でそろえることはできず、彼らは自給自足（self-sufficient）ではなかった。だが用意できない物品や作物は、近隣の農民との交換（exchange）や、雑貨店で入手できた。貨幣の流通が十分ではなく、農民同士はもちろん、雑貨店と農民の間でも、物と物、あるいは労働と物の交換が普通であり、精算は1年以上に及ぶ期間に1回程度だった。互いに依存し合う、近隣の知り合い同士で営まれたがゆえに、そうした交換には価格を操作する利潤動機が入り込まなかった。それはむしろ、地元コミュニティ内のつながりを強化したという[17]。

History Now, ed. Eric Foner and Lisa McGirr (Philadelphia: Temple University Press, 2011), 24-42, 51-74, esp. 33, 68-71. 岡田泰男「アメリカにおけるフロンティアと市場革命」『三田学會雑誌』95巻2号（2002年7月）、101-113、安武秀岳「市場革命　工業化と南北戦争前における政治文化の変貌」岡田泰男・須藤功編『アメリカ経済史の新潮流』（慶應義塾大学出版会、2003年）、63-82、安武秀岳『自由の帝国と奴隷制　建国から南北戦争まで』（ミネルヴァ書房、2011年）。

17) Christopher Clark, *The Roots of Rural Capitalism: Western Massachusetts, 1780-1860* (Ithaca: Cornell University Press, 1990). Steven Hahn and Jonathan Prude, eds., *The Countryside in the Age of Capitalist Transformation: Essays in the History of Rural*

だが 1820 年代以降，土地の細分化や不足，地味の衰えにより収穫量に限界が生じ，また雑貨店との取引精算のために貨幣を得る必要が次第に増すと，家族が自家消費する作物をまんべんなく，また不足なく栽培するのは難しくなった。農村の商人との取引を通じて，農民は雑貨店から次第に多くの品物を入手するようになった。農民同士の取引についても，精算までの時間の長さに対応して利子が課されるようになる。こうした取引関係が拡大していくと，農民の側は自家消費用の栽培にとどまることができなくなり，取引を意図した特定の栽培・加工に多くの力を注ぐようになった。たとえば農民の妻や娘は，都市向けにバターやチーズの生産に力を注いだり，ホウキやシュロの帽子といった，都市市場向けの物品の生産を地元商人から請け負ったりした。そして 1840 年代以降，遠隔地から安価な穀物が流入して競争が厳しくなると，自家消費分の確保を目指して家族労働によって多様な作物を栽培することは一般的ではなくなる。農村社会は農業労働者と，彼らを雇用して商品作物の栽培に特化する農家へと再編成され，市場社会への移行が完了した（労働力の商品化）。研究者クリストファー・クラークによれば，「ニューイングランドの農村部は，独立した（independent）農民が占めていた経済から，全国市場の一部に，また産業資本主義の前哨地となったのである」[18]。

America (Chapel Hill: University of North Carolina Press, 1985) も参照。研究の口火を切ったのは以下の 3 本の論文である。Michael Merrill, "Cash Is Good to Eat: Self-Sufficiency and Exchange in the Rural Economy of the United States," *Radical History Review* 4 (Winter 1977): 42-71; James Henretta, "Families and Farms: *Mentalité* in Pre-Industrial America," *William and Mary Quarterly* 35: 1 (January 1978): 3-32; Christopher Clark, "Household Economy, Market Exchange and the Rise of Capitalism in the Connecticut Valley, 1800-1860," *Journal of Social History* 13: 2 (Winter 1979): 169-189.

18) Clark, *The Roots of Rural Capitalism*, 8; Gregory H. Nobles, "Commerce and Community: A Case Study of the Rural Broommaking Business in Antebellum Massachusetts," *Journal of the Early Republic* 4: 3 (Fall 1984): 287-308; Robert Gross, "Culture and Cultivation: Agriculture and Society in Thoreau's Concord," *Journal of American History* 69: 1 (June 1982): 42-61; Thomas Dublin, "Rural Putting-Out Work in Early Nineteenth-Century New England: Women and the Transition to Capitalism in the Countryside," *New England Quarterly* 64: 4 (December 1991): 531-573; Joan M. Jensen, *Loosening the Bonds: Mid-Atlantic Farm Women, 1750-1850* (New Haven: Yale University Press, 1986). なお，結論だけを取り上げれば，こうした研究には日本で 1970 年代まで展開された経済史研究と重なる部分がある。日本の経済史研究は，ヨーロッパ中世農村共同体の解体によって商業的農業・資本主義的農業が出現し，農村から産業資本が発生することで資本主義が進展する道が

18世紀，19世紀によく用いられた「独立」という言葉は，この文脈では，農業により自家消費用の作物を確保すること（subsistence）を指している。

また都市労働史の研究からも，これと相補う説が出されている。自家消費用の栽培に重きを置く農業が農村部で衰えていったそのとき，都市の職人の仕事場では家具製造，衣服の仕立て，製靴などの分野を中心に，生産を増大させるために生産過程の細分化が起きていた。1名の職人が生産の全工程を担うのではなく，多数の職人がそれぞれ特定の工程のみを担当して作業スピードを上げ，総体として生産量を上げるのである。これにより一部の職人は経済的に成功して多くの職人を雇い，経営者的な立場に移行していった。逆に多くの熟練職人は親方として自立できず，工程の一部分のみを担当し，出来高払いで働く賃金労働者となっていった。農村の農民の一部は，都市職人のために靴の縫い合わせを請け負うなど，都市でのこの過程にも連なっていた。また労働節約型の機械を備えた繊維工場も出現した。農村の娘たちは，ローウェルをはじめとするこうした工場に雇用の場を求め，賃金労働者となる。この時期，農村では個々の農場が狭小になって，家族全員を支えるに足る食料を得るのが困難になりつつあったからである。こうして低賃金労働が大量に出現する過程では，労働者のストライキや労働組合の組織化が見られた。労働史家はそこに，一人立ちするに足る技能をもった職人としてのプライドの発露と，労働を提供するだけの存在としての，社会に対する階級意識の萌芽の双方を見出してきた[19]。

開いた，と論じた大塚久雄の枠組みを各国に当てはめて，資本主義の発展段階を論じた。北米の場合は17世紀初頭から19世紀までを研究対象に，本国で刊行された実証研究を換骨奪胎して大塚の枠組みに入れて，構造的変化を確認する。その分析は社会全体をマクロにとらえる傾向が強く，史料を用いる場合もセンサスや刊行史料が中心で，未刊行の手稿史料から過去の個人の声を聞き取る，社会史的なミクロ分析への志向は見られない。本研究と時期や産業分野が重なる研究として，平出宣道『アメリカ資本主義成立史研究』（岩波書店，1994年），永田啓恭『アメリカ鉄鋼業発達史序説』（日本評論社，1979年），楠井敏朗『アメリカ資本主義と産業革命』（弘文堂，1970年）などを参照。なお岡田泰男は帳簿や日誌など手稿史料を読み込み，緻密な農民研究を行っている。岡田泰男『フロンティアと開拓者　アメリカ西漸運動の研究』（東京大学出版会，1994年），89-183。岡田泰男『アメリカ経済史』（慶應義塾大学出版会，2000年）も参照。

19) ショーン・ウィレンツ（安武秀岳監訳）『民衆支配の讃歌　ニューヨーク市とアメリカ労働者階級の形成1788-1850』（木鐸社，2001年）上巻135-175, Alan Dawley, *Class and Community: The Industrial Revolution in Lynn* (Cambridge, Mass.: Harvard University

こうした分析では，市場とは純経済的な現象にとどまらず，社会的・文化的・政治的な反応を引き起こすとされる。市場の浸透を受け入れて繁栄する者と，生計を立てるための選択が限定され，暮らし向きが陰りそうな者とは，はっきりと色分けされる。焦点は後者にあてられ，厳しさを増す農民や労働者の生活世界と彼らの抵抗が，政治の場での言動を含めて色彩豊かに紹介される。むろん，市場の影響を人々が無視できなくなる転換点は個々の農場や仕事場ごとに異なるので，社会全体について，いつ市場が浸透したかを総括することは難しい。特に，南部の経済のあり方は北部と大きく違う。奴隷制に基づく大規模綿花栽培は，最低限の自家消費用の作物栽培を志向したとはおよそいえない。むしろアパラチア山脈に位置する内陸部で，自家消費を志向する農業が 1850 年代まで続いたとされる。またある通史が述べるとおり，市場が浸透しても人々は完全に経済合理性に貫かれた行動のみをとるわけではないので，厳密にいうなら今日でも市場への同化は完了していない[20]。だ

　　Press, 1976); Paul G. Faler, *Mechanics and Manufacturers in the Early Industrial Revolution: Lynn, Massachusetts, 1780-1860* (Albany: State University of New York Press, 1981); Jonathan Prude, *The Coming of Industrial Order: Town and Factory in Rural Massachusetts, 1810-1860* (New York: Cambridge University Press, 1983); Thomas Dublin, *Women at Work: The Transformation of Work and Community in Lowell, Massachusetts, 1826-1860* (New York: Columbia University Press, 1979); idem, *Transforming Women's Work: New England Lives in the Industrial Revolution* (Ithaca: Cornell University Press, 1994); Mary H. Blewett, "Women Shoeworkers and Domestic Ideology: Rural Outwork in Early Nineteenth Century Essex County," *New England Quarterly* 60: 3 (September 1987): 403-428; J. W. Lozier, "The Forgotten Industry: Small and Medium Sized Cotton Mills of Boston," *Working Papers from the Regional Economic History Research Center* 2: 4 (1979): 101-123; idem, "Rural Textile Mill Communities and the Transition to Industrialism in America, 1800-1840," ibid., 4: 4 (1981): 78-95. ローウェルの女工については，久田由佳子「市場革命の時代における女工たちの労働運動　マサチューセッツ州ローウェルを中心に」『紀要 地域研究・国際学』（愛知県立大学）42（2010 年），31-50。

20) Larson, *The Market Revolution in America*, 9. 南部については以下を参照。Steven Hahn, *The Roots of Southern Populism: Yeoman Farmers and the Transformation of the Georgia Upcountry, 1850-1890* (New York: Oxford University Press, 1983); Douglas R. Egerton, "Markets without a Market Revolution: Southern Planters and Capitalism," *Journal of the Early Republic* 16: 2 (Summer 1996): 207-221; Harry L. Watson, "Slavery and Development in a Dual Economy: The South and the Market Revolution," in *The Market Revolution in America*, ed. Stokes and Conway, 43-73. ただし，奴隷貿易が本格的な市場取引だったことを忘れてはならない。柳生智子「アメリカ・バージニアにおける奴隷市場の発

が，農業や仕事場といった生活の物理的な基盤，そして生活を立てるための作業，すなわち技能的基盤が切り崩されることに人々が抵抗するさまを強調することに，1970年代，80年代の歴史研究者は強い魅力を感じていた。

　この図式の意義は，自由主義秩序とは異なる社会秩序を構想して，アメリカ社会像として提示したことにある。自由主義社会においては，農民はそれぞれ大きな利益を上げられる特定の作物の栽培に特化し，自分では栽培しない作物を市場で他人から入手することを問題視しない，と理解される。それに対して農村の社会史および市場革命論は，自分の消費する作物を自ら栽培し，それと利潤動機のない必需品交換とによって生計を立てることを重視する，より共同体的な経済秩序を設定して，これと外部の市場および自由主義が対立するととらえる。アメリカは最初から自由主義と個々人の可能性の追求に貫かれた社会だったのではない，と示唆するのである。

　研究者の中には経済的地位と政治の連結を構想して，土地を所有して独立している農民こそが共和国を支える理想的な市民であるという農本主義の言説を，こうした研究と結びつける者もある。アラン・クリコフは，アメリカの土地所有農民は植民地時代後期以降，土地という生産手段をもつことで独立を保とうとする1つの階級をなしたと考えて，これを「自営農民階級 (the yeoman class)」と呼び，社会に起こる各種の対立関係の一方の核をなしたとしている。チャールズ・セラーズも『市場革命』と銘打った通史において，「農村にあった多数派は……すでに手の内にあった共和国を理想視した。……自給自足して (self-sufficient) 自治する (self-governing) 市民たちの独立と平等を守るため，政府が弱体で，安上がりで，自分の住むところに近いことを望んだ」と述べて経済的な立場と政治的なそれとを結びつけ，「民主化への衝動は，市場が普通の生活を混乱させたのに対する不安感，無力感に突き動かされていたのだ」と主張する[21]。19世紀初めの農民が商品作

　　　展　リッチモンドとアレクサンドリアの事例を中心に」『慶應義塾大学日吉紀要　社会科学』21 (2010年), 1-42, 柳生智子「南部奴隷取引の発展およびその拡大と支持の背景」『アメリカ経済史研究』7 (2008年), 21-40, 柳生智子「奴隷商人と西部移住　アンティベラム期アメリカ南部における奴隷取引と商人ネットワーク」『三田学會雑誌』95巻2号 (2002年7月), 265-289。

21) Allan Kulikoff, *The Agrarian Origins of American Capitalism* (Charlottesville: University

物に特化しておらず，自家消費用に多様な作物を栽培していた点で，この説は正しい。

2. 市場革命論への批判

だが市場革命論に依拠する通史は，上の引用にもあるように自家消費を目指す（subsistence）農業を営んだ農民を，自給自足（self-sufficiency）を達成していると読み替えた他，政治や文化までも市場をめぐる二項対立の図式に落とし込んで論じたので，偏りと単純化があるとの批判が出されている[22]。実際，市場革命論の骨組みをなす社会史研究には，市場の浸透から（主にマイナスの）影響を受ける者が出現すること自体を市場の浸透の指標とする傾向があり，誰が市場に自ら踏み込み，それを動かしていったか，誰がそれに肯定的だったかを正面から論じなかった。

これに対し，普通の人々自身が市場に積極的に参画したと主張して市場革命論の前提を否定したのが，アメリカ革命期の社会変革の意味を論じた研究である。ジョイス・アップルビーやゴードン・ウッドなど有力な革命期研究者は，アメリカ合衆国の独立や1790年代の政治対立について総合的な評価を下す際，これを農本主義的な「独立」とは重ねない。彼らは，植民地時代の北米社会は身分制や君主制の観念が影響力をもつ階層的な社会であったとしたうえで，アメリカ革命と1800年大統領選挙でのリパブリカン派の勝利はそれを破壊し，人々に対するさまざまな拘束一般を弱体化させた，その結

Press of Virginia, 1991), 34-59; Sellers, *Market Revolution*, 32, 32-33. クリコフはアメリカの自営農民を，「自分の食料のほとんどを［自分で］栽培する小生産者」と定義している（*Agrarian Origins*, 34）。

22) 最も厳しい批判は，セラーズがキリスト教の各教派を親市場・反市場のいずれかに分類したことに向けられている。Sellers, *Market Revolution*, 202-236; Daniel Walker Howe, "The Market Revolution and the Shaping of Identity in Whig-Jacksonian America," and Richard Carwardine, ""Antinomians" and "Arminians": Methodists and the Market Revolution," in *The Market Revolution in America*, ed. Stokes and Conway, 259-281, 282-307. セラーズの『市場革命』は，刊行直後の論評でも批判が多かった。Richard E. Ellis et al., "A Symposium on Charles Sellers, *The Market Revolution: Jacksonian America, 1815-1846*," *Journal of the Early Republic* 12: 4 (Winter 1992): 445-476. 近年の大作の1つである Daniel Walker Howe, *What Hath God Wrought: The Transformation of America, 1815-1848* (New York: Oxford University Press, 2007), は解釈枠組みとして，交通革命論および「コミュニケーション革命」をもって市場革命に替えた。

果は,「普通の人々の間に積極的に事業に乗り出す文化が形成され，アメリカ社会の全側面に行き渡ったこと」だった，と主張する。新生アメリカ合衆国では，エリートではない一般住民が経済活動を始め，さまざまな分野で他人に遠慮せず自己の才覚を試せる環境がつくりだされたというのである。革命後の社会に「独立」をめぐる階級対立を見るのではなく，白人社会のほぼ全体が経済自由主義を積極的に受容・実践したと主張する立場である。この見方では，独立した農民は他者に従属しない存在である以上に，商業的農業を営み，作物を市場に積極的に出していく存在であるとされる[23]。

　これら2つの解釈の違いがはっきり表れる一例として，マサチューセッツ東部のビレリカというタウンの農民ウィリアム・マニング（1747～1814年）の位置づけを挙げることができる。同時代的には無名のこの人物は1790年代，生前は未刊行に終わった自筆の論説に激しい反フェデラリスト感情を開陳し，働く民衆を結集してフェデラリストに対抗すべく，民衆の協働・政治組織として「労働協会」(the Laboring Society) の設立まで提案していた。市場革命論につながる論点を提起して農村研究・都市職人研究を牽引したマイケル・メリルとショーン・ウィレンツは，マニングは農民の立場で独自の政治運動を構想したと高く評価し，マニングの著作集を編纂した。だがゴードン・ウッドのとらえ方では，マニングは中規模の農場を持つだけでなく「断続的に酒場を営み，独立戦争中は硝石加工場を設けて火薬を製造し，［独立後は］運河の掘削に手を貸し，土地を売買し，しょっちゅう金を借り，州認可の銀行が紙幣を発行すべきと主張し，とありとあらゆる方法で（あまりうまくいかなかったようだが）自分と家族の暮らし向きの改善を図

---

23) Joyce Appleby, *Inheriting the Revolution: The First Generation of Americans* (Cambridge, Mass.: Harvard University Press, 2000), passim, 89（引用）. 同じ見解を共和主義論争の文脈で展開した idem, *Capitalism and a New Social Order: The Republican Vision of the 1790s* (New York: New York University Press, 1984), も参照。ゴードン・ウッドは革命期指導者が19世紀初頭にかけて，資本主義的風潮の高まりを懸念したことを強調するが，その他の点ではアップルビーと論調が近い。Gordon S. Wood, *The Radicalism of the American Revolution* (New York: Vintage, 1991). 以下も参照。Joyce Appleby, "The Vexed Stories of Capitalism Told by American Historians," *Journal of the Early Republic* 21: 1 (Spring 2001): 1-18; idem, "Commercial Farming and the "Agrarian Myth" in the Early Republic," *Journal of American History* 68: 4 (March 1982): 833-849.

第 2 節　備えを持つ農村から 19 世紀前半を考える

った」人物，つまり「事業に手を出す三流の精力家」だった。マニングの反フェデラリスト的な論説は，ウッドの解釈にとっては問題とならない。エリートに反発して挑戦する姿勢と，次々に事業を手がけた活発さとの間に，親和性を見出すからである[24]。

　これに対してメリルとウィレンツは，エリート主義自体と，経済が普通の人の生活に及ぼしうる影響とを，まとめて反発の対象として扱っている。彼らはマニングが事業活動に参画したことを認めざるを得ず，「人は地元の土地市場，あるいは抵当資本市場にすら参画しつつ，それでも資本主義（金持ちたちが支配している商業的経済のことである）に反対することができた」と述べ，やや強弁気味に，彼の反権力姿勢を反資本主義と結びつけようとする。マニングが反発を見せた「金持ちたち（moneyed men）」とは，自分では労働せずに過大な所得を得ている人々，具体的には定期収入生活者 (rentiers)，専門職，株屋，投機家，商人，政府の役人を指す[25]。だが，資本主義とは「商業的経済」だから反発すべきなのか，それとも「金持ちたちが支配している」ので反発の対象なのか。「金持ちたち」に対して社会が権威を認めなくなったとき，メリルとウィレンツの資本主義理解は存続しえただろうか。マニングは商業的経済そのものには反発していないので，この点は慎重に検討すべきである。少なくともフェデラリストが凋落した後の時代については，一般人が積極的にささいな事業活動に乗り出したことが時代の特徴だったとする立場を，簡単に一蹴すべきではない[26]。普通の人々が必ず商業的

---

24) Michael Merrill and Sean Wilentz, "William Manning and the Invention of American Politics," in *The Key of Liberty: The Life and Democratic Writings of William Manning, "A Laborer," 1747-1814*, ed. Michael Merrill and Sean Wilentz (Cambridge, Mass.: Harvard University Press, 1993), 28-32; Gordon S. Wood, "The Enemy Is Us: Democratic Capitalism in the Early Republic," *Journal of the Early Republic* 16: 2 (Summer 1996): 293-308, 305（引用）.

25) Merrill and Wilentz, "William Manning," 32（引用), 4.

26) 革命後 1800 年代までの北東フロンティア地域の農民土地暴動を扱いつつも，その担い手たちに反市場的な姿勢を読み取らないアラン・テイラーの立場は注目に値する。「ジェファソンの自由主義的なヴィジョンは奥地の指導的人物たちにとって合点のいくものだった。彼らは一生懸命働き，市場を鋭く読んで土地を手に入れたのだが，フェデラリスト地主層から十分な敬意を払われず，認めてもらえなかったのである。結果として，政治的特権と社会的エリート主義よりも，自由市場と自発的結社のほうに富・権力・地位の割り振りをさせることで，完璧に公正な経済・政体・社会を確保しようというジェファソン派の展望に，彼らは喜

経済に警戒感を示したかといえば,疑問である。

だが,革命と1790年代のインパクトをめぐる解釈の差異は,農民一般と農村をどう性格付けするかという問題に十分に向き合わない。市場革命論においては,商業的な農民は農民のカテゴリーから外され,閑却される傾向がある[27]。他方で自由主義解釈は,彼らの農民としての個性にあまり注意を払わない。むしろ農作業を嫌って農村から脱出し,事業家,文筆家,教育者などとして成功した人物こそ,時代を体現していたとされることがある[28]。つまり市場や利益の追求と,農民の土地および自家消費するための作物栽培へのこだわりを整合する枠組みは,政治史や文化史からは生まれていない。しかし農村の経済活動を分析対象とする場合には,農村とその外の市場取引を,ひいては市場革命論の論点を,無視するべきではないだろう。であるならば,実証的な農村研究に立ち戻るべきである。市場革命論において農民が市場から距離をとったとされる証拠,すなわち農場における自家消費用のさまざまな作物栽培,近隣住民や商人との現金によらない取引,精算されるまでの期間の長さ,その間に利子が課されないこと,などを,その後の農村社会史研究がどのような枠組みで解釈しているかに注目すべきであろう。さまざまな研究が,市場革命論が想定するよりも前から市場は農村の一部であったと主張している[29]。

んで共感した。」Alan Taylor, "Agrarian Independence: Northern Land Rioters after the Revolution," in *Beyond the American Revolution: Explorations in the History of American Radicalism*, ed. Alfred F. Young (Dekalb, Ills.: Northern Illinois University Press, 1993), 221-245, 236(引用)。

27) クリコフは,農民の中に「商業的農業に乗り換え,大量の余剰を市場に送り,利子を課して金を貸し,自分の利益を増すため町の近くに土地を買っていた」,自由主義に親和的な「重要な少数派」が存在し,農業改良団体を組織して多数派の農民に働きかけたことに触れている。Kulikoff, *Agrarian Origins*, 42(引用), 148-150。

28) Appleby, *Inheriting the Revolution*, 56-128. ただしこの研究は多数の回顧録を史料に集合的記憶を導き出しているので,農村からの脱出と事業家や文筆家への道を直線的に,明るく描くきらいがある。農村からの脱出の困難と,その場その時の苦悶および葛藤に注目する研究も刊行されている。J. M. Opal, *Beyond the Farm: National Ambitions in Rural New England* (Philadelphia: University of Pennsylvania Press, 2008)。

29) なお,ここでは詳論しない都市労働史研究の新しい論点としては,ウィレンツの職人共和主義を批判し,都市の事業家的な大工たちの姿を描いた研究と,事務員という新しい職業に着目する研究,そして市場に抵抗を示した職人よりもさらに貧しい層に注目する研究を参照。Donna J. Rilling, *Making Houses, Crafting Capitalism: Builders in Philadelphia, 1790-1850*

第一に,経済学者ウィニフレッド・ローゼンバーグの批判がある。市場について経済学的に厳密な定義を求めたローゼンバーグは,交換の際に農民の帳簿に記載された各種価格の変動が農村外部のそれと連動し始めた時点をもって,市場の浸透と見なすべきと主張した。18世紀前半から19世紀中ごろまで,1世紀強にわたるマサチューセッツ農民の帳簿多数と遺産目録などからデータを集めて統計処理したその研究によると,マサチューセッツ農村部の農作物価格は,1780年ごろからニューヨークやフィラデルフィアのそれと同じパターンで上下するようになった。同じく1780年代以降,同州東部の農民の遺産目録には有価証券の記載が目につくようになり,また以前よりも遠方のタウン住民に対する信用の提供が増えた。そして日払いの農業労働の帳簿価格は,1800年ごろには州全体で一定値に収斂するに至った。さらに農業労働の賃金指標と農作物価格の指標から農村の労働生産性を概算すると,それは1780年代以降上がり続けた。労働集約的な色彩が強まったことになる[30]。

ローゼンバーグはこうした分析により,市場は1780年代にマサチューセッツに浸透した,つまり利潤を継続的に確保する工夫を個々人に促す機能が

(Philadelphia: University of Pennsylvania Press, 2001); idem, "Small-Producer Capitalism in Early National Philadelphia," in *The Economy of Early America*, ed. Matson, 317-334; Michael Zakim, "The Business Clerk as Social Revolutionary; or, a Labor History of the Nonproducing Classes," *Journal of the Early Republic* 26: 4 (Winter 2006): 563-603; idem, "Producing Capitalism: The Clerk at Work," in *Capitalism Takes Command: The Social Transformation of Nineteenth-Century America*, ed. Michael Zakim and Gary J. Kornblith (Chicago: University of Chicago Press, 2012), 223-247; Thomas Augst, *The Clerk's Tale: Young Men and Moral Life in Nineteenth-Century America* (Chicago: University of Chicago Press, 2003); Brian P. Luskie, *On the Make: Clerks and the Quest for Capital in Nineteenth-Century America* (New York: New York University Press, 2010); Seth Rockman, *Scraping By: Wage Labor, Slavery, and Survival in Early Baltimore* (Baltimore: Johns Hopkins University Press, 2009).

30) Winifred B. Rothernberg, "The Market and Massachusetts Farmers, 1750-1855," *Journal of Economic History* 41: 2 (June 1981): 283-314; idem, "The Emergence of a Capital Market in Rural Massachusetts, 1730-1838," *Journal of Economic History* 45: 4 (December 1985): 781-808; idem, "The Emergence of Farm Labor Markets and the Transformation of the Rural Economy, Massachusetts, 1750-1855," *Journal of Economic History* 48: 3 (September 1988): 537-566; idem, *From Market-Places to a Market Economy: The Transformation of Rural Massachusetts, 1750-1850* (Chicago: University of Chicago Press, 1992).

経済取引全体に備わった，と結論付ける。ローゼンバーグは個々の農民の経験の全体像を描いたわけではないが，社会史の研究が農民の帳簿の分析に基づいて利潤動機の不在を主張したのに対し，同じ農民の帳簿を用いて経済現象としての市場の存在を強固に提示して，農民は市場に対して後ろ向きだったという理解をぐらつかせた。市場は市場革命論の想定より早く出現したことになり，また農民一般は違和感なくそれに適応したと示唆したのである[31]。

第二に，消費の領域を考えるなら，新大陸北米植民地は18世紀中ごろからイギリス産の生活用品の大市場となったことが，近年明らかにされている。18世紀植民地社会の消費の動向に注目する研究者によれば，1740年ごろ以降，本国からの布，食器，紅茶などの輸入が目につくようになった。プランターや都市エリート層などが衣服，生活用品などイギリス産品を積極的に購入・消費したほか，植民地の奥地の雑貨店でも輸入品が販売され，社会下層にまで物資が行き届く条件が整っていた。消費に関しては，市場は明らかに外部から農村に浸透していたのである。むろん，最高級・最先端の生活用品，嗜好品を集める傾向は特に見出せないことが農民の遺産目録の検討によって明らかにされており，農場を失うほど消費に耽溺したと考えるのは実像から外れる。だが，植民地時代から農民が物品購入を回避しなかったとするなら，消費研究と農村における市場の浸透とは，議論の方向が整合することになる[32]。

31) ローゼンバーグと社会史家の間の論争の整理として，以下が参考になる。Allan Kulikoff, "The Transition to Capitalism in Early America," *William and Mary Quarterly* 46: 1 (January 1989): 120-144. 商人と農民の帳簿記載法にはほとんど差がなかったと述べ，商人のほうが農民よりも資本主義に積極的だったという見解に疑問を呈するネイオミ・ラムルーの議論も参照。Naomi R. Lamoreaux, "Rethinking the Transition to Capitalism in Early American Northeast," *Journal of American History* 90: 2 (September 2003): 437-461.
32) T. H. Breen, "An Empire of Goods: The Anglicization of Colonial America, 1690-1776," *Journal of British Studies* 25: 4 (October 1986): 467-499; idem, *The Marketplace of Revolution: How Consumer Politics Shaped American Independence* (New York: Oxford University Press, 2004), Part I; Daniel B. Thorp, "Doing Business in the Backcountry: Retail Trade in Colonial Rowan County, North Carolina," *William and Mary Quarterly* 48: 3 (July 1991): 387-408; Paul G. E. Clemens, "The Consumer Culture of the Middle Atlantic, 1760-1820," *William and Mary Quarterly* 62: 4 (October 2005): 577-624; 肥後本芳男「アメリカ革命と新たな政治経済観の台頭」岡田・須藤編『アメリカ経済史の新潮流』，28-32。農

第2節　備えを持つ農村から19世紀前半を考える

第三に、農民の生産のあり方や市場への関与は、彼らの人生の段階ごとに、拡大したり、縮小したりしたという指摘が出されている。農村社会史の研究者たちは、当初から家族という経済単位を重視すべきと論じていたが、子供がどのように成長し、次世代の農民として一人前になるかについても研究が進んだ。それによれば17世紀でも19世紀前半でも、土地を入手する前の10代、20代の農民は独力では生計を立てられず、食料を購入し、親を含め他人のために農業労働を行った。1980年代のある研究は、18世紀後半のマサチューセッツでは自給自足するに足る量の小麦を収穫できなかっただろう農民が、タウン課税台帳上の住民中38パーセントに及んだと指摘していた。だが新しい研究によれば、これは窮乏した農業労働者ではなく、若者だったと考えられる。そして20代後半から40代前半にかけて土地の購入や相続によって自分の農場を構えると、農民は家族で自家消費するための作物の栽培を初めて本格化させ、自家消費に必要な分以上の余剰が出れば、それを市場に出したという。この考え方に立つと、農民は自分の農場を持っていても市場に関係したことになるし、農場を持つ前の若者が他人の農場で働く存在として帳簿や課税台帳に散見されるのも不自然ではない。ニューイングランドに関する近年の研究は、彼らが親から土地を譲渡されるよりも前に実家を離れ、親の農場ではなく、近隣の農家で働いていたことを確認している[33]。

　　村における消費について、久田由佳子「「消費革命」から「市場革命」へ　19世紀前半アメリカ北東部の消費をめぐって」常松洋・松本悠子編『消費とアメリカ社会　消費大国の社会史』(山川出版社、2005年)、13-56。18世紀に消費が生活と文化にもたらした意味について、Richard L. Bushman, *The Refinement of America: Persons, Houses, Cities* (New York: Vintage, 1991), Part I を参照。

33)　David F. Weiman, "Families, Farms and Rural Society in Preindustrial America," *Research in Economic History Supplement* 5 (1989): 255-277; Daniel Vickers, *Farmers and Fishermen: Two Centuries of Work in Essex County, Massachusetts, 1630-1850* (Chapel Hill: University of North Carolina Press, 1994), 64-77; James E. McWilliams, "Work, Family, and Economic Self-Improvement in Late-Seventeenth-Century Massachusetts Bay: The Case of Joshua Buffam," *New England Quarterly* 74: 3 (September 2001): 355-384. 安武『自由の帝国と奴隷制』、194-195, n. 23 も参照。土地を持たない農村住民の存在を指摘した研究は、Bettye Hobbs Pruitt, "Self-Sufficiency and the Agricultural Economy of Eighteenth-Century Massachusetts," *William and Mary Quarterly* 41: 3 (July 1984): 333-364 である。近年の研究として、Barry Levy, *Town Born: The Political Economy of New England from Its Founding to the Revolution* (Philadelphia: University of Pennsylvania Press, 2009), 263-288, を参照。

3. 新たな農村・農民像

　こうした批判を踏まえるなら，農民と市場の関係の理解には手直しが必要になる。金銭を介しない取引の多さや，精算が頻繁ではなかったことは事実であり，農家が多数の作物を栽培したことも事実である。他方，農民にとって市場は異物ではなく，農村と外部との取引はもちろん，農村の内部における取引ですら，市場取引としての性格をもっていたことも確かといえる。いずれの一方を強調しても，農民像に偏りが生じる。自家消費用の作物栽培への志向と，経済自由主義とのいずれかを選択するのではなく，作物栽培の目的や，交換が取り結ぶ関係の意味を尊重し，それらを農民の市場との関わりと整合させた，折衷的な農民像を考案することが必要になる。

　これに応じて農民像の再構築を進めた先駆はダニエル・ヴィッカーズである。彼によれば，1800年ごろの農民は栽培を自家消費に必要なレベル（subsistence）にとどめるという発想をせず，当時の言葉でいう"competency"（十分に備え（資産）があること）を得ることを目指した。農民が気にかけたのは，市場と関係をもたずにすましうる最低限の収穫を得ることではなく，先のことや不測の事態を考えて，十分な規模の収穫ができる環境を確保することであった。彼らは余剰が出るよう，十分に産することを望んだ。自ら栽培・生産しない物品を外部から入手するため，余剰分の収穫をコミュニティ内外を問わず市場に出すことは，前提視されていた。つまり農民にとって，市場に関わることは窮乏化ではなく，ゆとりを意味したのである。リチャード・ブッシュマンも，農民は17世紀から19世紀後半まで，家族で消費する分と，市場に出す分の両方を栽培する，「複合型農場（the composite farm）」を営んでいたと主張した。複数の子に十分な土地を与えて自営農民とし，子孫の独立を可能にするには，土地を買わなければならない。未使用の土地が耕作地となる他，土地購入用の金銭を獲得するために商品作物が栽培され，市場に出される。こうして得られる収入を積み上げれば土地を購入し，所有地を増やすことができるのだった。農場は時とともに細かく分割されて，家族を支えるには小さくなると想定するのは正しくないといえる。他方，商品作物の価格が大幅に下落しても生活そのものが揺るがないよう，市場に出さずに家族で消費する作物の栽培も続けて，農民は安定（security）

を確保したのである[34]。

　こうした理解は，農民が長期的展望も視野に入れて，家族向けの栽培と商業的な性格をもつ栽培を同時に行っていたと一般化する。これにローゼンバーグが指摘した生産性の上昇を重ね合わせると，農民は19世紀前半に窮乏化したとは想定しないほうがよい。自家消費する分を十分に栽培した上で市場にも足を踏み入れるのが，農民の望む生活の安定への道だった。逆に家族で消費する分しか栽培しない農家は，それ以上栽培できない状態にあって生活が苦しく，独立（independence）が危ういと位置づけられる[35]。

　この折衷的な解釈には大きな利点がある。農民は自家消費用の栽培以上のことはしなかったとする解釈よりも柔軟で，長い時間枠で，また広い空間枠で利用できることである。近年の研究によれば，17世紀のニューイングランドでも，農場での栽培作業を前提としたうえで，空いた時間に漁業を営んだり，近隣に設立された製鉄所を相手に自家栽培した穀物などを取引したりと，農民の活動は，狭義の自家消費用栽培からはみ出していた。19世紀前半には，同地域で市場向けの栽培を行う農民たちは，より利便ある生活環境を整えるべく，自宅の母屋に連結する形で作業スペース（ell）を建て増し

---

[34] Daniel Vickers, "Competency and Competition: Economic Culture in Early America," *William and Mary Quarterly* 47: 1 (January 1990): 3-29; Richard Lyman Bushman, "Markets and Composite Farms in Early America," ibid. 55: 3 (July 1998): 351-574; idem, "Opening the American Countryside," in *The Transformation of Early American History: Society, Authority, and Ideology*, ed. James A. Henretta, Michael Kammen, and Stanley N. Katz (New York: Knopf, 1991), 239-256. 概念化を避けつつ同じ内容を主張した研究として，J. Ritchie Garrison, *Landscape and Material Life in Franklin County, Massachusetts 1770-1860* (Knoxville: University of Tennessee Press, 1991), 49-60がある。19世紀ヴァージニアの一複合型農場の詳細な研究として，Claudia L. Bushman, *In Old Virginia: Slavery, Farming, and Society in the Journal of John Walker* (Baltimore: Johns Hopkins University Press, 2002) を参照。農本主義的解釈を行うクリコフも，こうした研究を取り入れようとしている。Allan Kulikoff, *From British Peasants to Colonial American Farmers* (Chapel Hill: University of North Carolina Press, 2000), 3-4, 203-254, 263.

[35] この農民像は，負債と抵当をかかえることと，それに即した農業を行うことが前提となっていた19世紀末にかけての西部の農場とは対照的である。Jonathan Levy, "The Mortgage Worked the Hardest: The Fate of Landed Independence in Nineteenth-Century America," in *Capitalism Takes Command*, ed. Zakim and Kornblith, 39-67; idem, *Freaks of Fortune: The Emerging World of Capitalism and Risk in America* (Cambridge, Mass.: Harvard University Press, 2012), 150-190, 231-263.

したり，用途別に複数の納屋を持ったりする余力があったことが指摘されている[36]。

そして複合型農場を切り盛りする「十分な備えのある（competent）」農民像は，ニューイングランド以上に，中部大西洋岸や南部の農民の姿に近い。「貧しき者の最良の地」と形容された中部大西洋岸は気候的に恵まれていたのみならず，農場がニューイングランドよりも大きく，農場内に未開発の土地が残っていて，周囲に追加で借地・購入できる土地も多かった。複数の農場を所有する農民から農場を借りて営む者（tenant）もあった。農場を借り，一定額を作物・労働ないし現金で所有者に払いながら農業で一家を養うのは，植民地時代から農村における社会的上昇の表れであった。18世紀後半には貨幣によらない交換と市場向け栽培の両方が普通に見られ，こうした農民のうちには，商業的農業を営んだり，職人としての技能を持ち合わせたりすることで，土地の購入に至る者もあった。入植が早くから進んだ区域では19世紀になると，一家をなした後も農場を借りるのではなく，他人の農場で働いて生活を立てる小屋住み農（cottager, あるいは inmate）も増えていった。複数の農場で働いた彼らはしかし，さまざまな地元の行事に参加するなど，あくまで農村の地元社会の一員だった。生活が困窮していたわけではなく，浮動的な労働者と見なすべきではない。そして植民地時代の交易を扱う研究者は，フィラデルフィアの後背地が西インド諸島市場向けに穀物を産出していたことを指摘し，市場に向けて栽培した農民は多かったと示唆してきた。ヴァージニアとメリーランドでも18世紀には小麦の栽培が盛んになり始め

---

36) James E. McWilliams, *Building the Bay Colony: Local Economy and Culture in Early Massachusetts* (Charlottesville: University of Virginia Press, 2007); Nora Pat Small, "The Search for a New Rural Order: Farmhouses in Sutton, Massachusetts, 1790-1830," *William and Mary Quarterly* 53: 1 (January 1996): 67-86; Garrison, *Landscape and Material Life*, 122-144, 163-167. 備えのある複合型農場を重視する視座は，個々の農民や商人の日常的な小規模取引に着目することは変わらないので，植民地時代にはほぼ全住民の間で事業家的「魂（spirit）」が横溢していたと論じる議論や，17世紀ニューイングランドのタウン建設とその創始者に議論を絞って事業家的色彩を見ようとする議論とは，立場を異にする。Edwin J. Perkins, "The Entrepreneurial Spirit in Colonial America: The Foundation of Modern Business History," *Business History Review* 63: 1 (Spring 1989): 160-186; John Frederick Martin, *Profits in the Wilderness: Entrepreneurship and the Founding of New England Towns in the Seventeenth Century* (Chapel Hill: University of North Carolina Press, 1991).

る[37]。

　より都市市場から離れたハドソン渓谷を扱う研究者も，植民地時代にハドソン川が余剰穀物の大規模な流路だったことを認める。この地域の場合，18世紀後半にマンハッタンへと作物を流していたのは農民のうち一部であり，数多い小農は，川をマンハッタンまで下る船舶に頻繁に穀物を運んではいなかった。だがアメリカ革命ののち19世紀中ごろにかけて，農民は「最小限の穀物栽培には固執し」たうえで，それまで利用していなかった河川沿いの低地を使った干し草作り，また丘陵地を利用した食用牛や羊の牧畜に手を広げた。こうした新種の農作業による作物や肉類などは，ニューヨーク市場に出されていった。「商業的農業が農民家族の生き残りと繁栄の助けになった」のである[38]。19世紀前半の北部では，市場への農村らしい適応は広範に見られ，その結果，農村には中流，あるいは富裕な層も見られることになった。彼らの間には，農村ならではの個性を感じさせる生活用品と，さらには嗜好品が流通した[39]。

---

37) James T. Lemon, *The Best Poor Man's Country: A Geographical Study of Southeastern Pennsylvania* (Baltimore: Johns Hopkins University Press, 1972); Lucy Simler, "Tenancy in Colonial Pennsylvania: The Case of Chester County," *William and Mary Quarterly* 43: 4 (October 1986), 542-569, esp. 557-562; Paul Clemens and Lucy Simler, "Rural Labor and the Farm Household in Chester County, Pennsylvania, 1750-1820," in *Work and Labor in Early America*, ed. Stephen Innes (Chapel Hill: University of North Carolina Press, 1988), 106-143. 19世紀初めについて Lucy Simler, "The Landless Worker: An Index of Economic and Social Change in Chester County, 1750-1820," *Pennsylvania Magazine of History and Biography* 114: 2 (April 1990): 163-199; Wacker and Clemens, *Land Use*; Lanier, *The Delaware Valley in the Early Republic*, 116-118. 南部については Paul G. E. Clemens, *The Atlantic Economy and Colonial Maryland's Eastern Shore: From Tobacco to Grain* (Ithaca: Cornell University Press, 1980) を参照。

38) Thomas S. Wermuth, "New York Farmers and the Market Revolution: Economic Behavior in Mid-Hudson Valley 1780-1830," *Journal of Social History* 32: 1 (Fall 1998): 179-192; Martin Bruegel, *Farm, Shop, Landing: The Rise of Market Society in the Hudson Valley, 1780-1860* (Durham: Duke University Press, 2002), 98-105, esp. 98-99, 104 (引用)。アメリカの農村は豊かだったとの理解にたって工業化プロセスを通観する地理学の研究もある。David R. Meyer, *The Roots of American Industrialization* (Baltimore: Johns Hopkins University Press, 2003). 市場革命論の主唱者の1人は，近年著した通史の中で，中部大西洋岸地域では農民が土地を買い増したことなど，修正を加えている。Paul E. Johnson, *The Early American Republic 1789-1829* (New York: Oxford University Press, 2007), 55-83, esp. 61.

「複合型農場」枠組みが示唆するものは多い。自家消費するための栽培と，市場向けの栽培とが共存し，同時に営まれたと理解するなら，農民は自由主義的で市場に積極的に対応したが，それは農場での生活を守るためであり，農場を危険にさらして最大限の利益を追求することはなかった，と考えることができる。農村は植民地時代から柔軟に市場に関わったのであり，市場の発達と相携えて農村全体としては繁栄した可能性も考えうる。であれば，農村で行われていたさまざまな取引や経済活動に光をあて，その性格を慎重に見極め，そこから経済発展の歴史を描くことが求められる[40]。たとえば前出のクリストファー・クラークは近年，18世紀末から19世紀初めの農村では，新しい作物を栽培する，家内労働で織物を手掛ける，皮なめし・樽作り・製粉など，以前から農村にあった製造業を拡張するといった活動が見られたと述べ，これを農村の経済活動の「強化（intensification）」と呼んでいる。それは複合型農場が市場に対応する戦略の1つだったといえる[41]。

第3節　ニュージャージーに見る地域的連関とネットワーク
―― 本書の視角

本書ではこの議論をもう一歩延伸し，地域経済内での区域の連関と地域

---

39) 農村の職人は世紀中葉にかけて，家具や置き時計の生産，のちには地図や郷土史の出版，地球儀の制作，肖像画の注文制作も手がけた。だが彼らの製品の意匠は，「農村型の表現形式（the rural idiom）」を保っていたという。椅子やサイドボードには，高価なマホガニー材の代わりにサクラ材がしばしば用いられた。肖像画の場合も，陰影に凝らず，顔に明るく光をあて，鮮やかな色を多く使うなど，顧客の好みを反映した，都市工房とは一線を画する様式が生み出された。David Jaffee, *A New Nation of Goods: The Material Culture of Early America* (Philadelphia: University of Pennsylvania Press, 2010).

40) こうした研究の見直しを受けて，時代の経済の流れをとらえる枠組みをめぐって議論が続いている。日記，帳簿，裁判記録などが示すミクロな実態を重視して過度の一般化を戒める Martin Bruegel, "The Social Relations of Farming in the Early Republic: A Microhistorical Approach," *Journal of the Early Republic* 26: 4 (Winter 2006): 523-553, と，ミクロな研究からはマクロな像が立ち上がらないので，計量的な分析技術を工夫して「再単純化」し，全体像を構築するべきとする Naomi R. Lamoreaux, "Rethinking Microhistory: A Comment," ibid., 555-561, の対話を参照。

41) Clark, *Social Change*, 101-106, esp. 102-105. Bushman, "Opening the American Countryside," 242-250, も参照。

的・広域的なネットワークの形成という視点を組み入れたい。本書は農村の経済活動の強化そのものが市場への積極的な参画であったと考え，都市と農村が連関しながら地域経済を牽引した可能性を検討する。目新しさに欠けて些細に見えようとも，農村の経済活動の強化は19世紀前半，地元にとどまらず，地域レベルの——ということは，当時としては大きな規模の——経済の不可欠な要素だったと考えるからである。本書では特に，農村で行われる活動がそのまま都市向けの事業の形をとった事例に着目し，製粉や薪の生産を取り上げたい。さらに木炭の生産や製鉄業など，労働の編成に農場との共通点を見出しうる植民地時代以来の生産活動も取り上げる。広域的な市場の発達プロセスに対して，十分な備えのある（competent）近郊農村住民はどんな役割を果たし，それがつくり出した地域の連関はいつまで重要であり続けただろうか。本書はニュージャージーの農村を題材に，この問いに答えることを試みる。

1. 共和国初期のニュージャージー

初期アメリカ農村史研究の事例としては，ニュージャージー州はあまり本格的には取り上げられてこなかった。理由はいくつかある。

第一に，農村研究の題材としては，都市が近くにあることである。この州のすぐ外には，河川を挟んでフィラデルフィア（ペンシルヴェニア州）とニューヨーク市（ニューヨーク州）が位置した。いずれも，ジョージ・ワシントンが大統領に就任する以前からアメリカの主要商業港であった。17世紀後半に入植が本格化して以来，ニュージャージーには中部大西洋岸の特色である大きな農場がしばしば設けられ，2つの都市に対して大量の農作物が送り出されていた[42]。だが市場革命論において語られる農民像は，基本的にニューイングランド内陸部の事例に基づいている。都市に隣接し，市場が早

---

42) Rebecca Yamin, "The Raritan Landing Traders: Local Trade in Pre-Revolutionary New Jersey" (Ph.D. diss., New York University, 1988), 119-127; Cathy Matson, *Merchants and Empire: Trading in Colonial New York* (Baltimore: Johns Hopkins University Press, 1998), 99-102, 107; Brendan McConville, *These Daring Disturbers of the Public Peace: The Struggle for Property and Power in Early New Jersey* (Ithaca: Cornell University Press, 1999), 92-94.

くから浸透していた地域はあまり扱われなかった。

　第二に，都市と近郊地域の関係を扱う研究は州単位で行われがちである。フィラデルフィアとニューヨークは，それぞれ近郊地域との間に文化的なまとまりをもち，また河川に沿って同一州内に後背地をかかえている。植民地期，ニューヨークにはオランダ系が，ペンシルヴェニアにはクエーカーやドイツ系などが入植し，それぞれ文化圏・経済圏を形成した。さらに 19 世紀中ごろにかけて，エリー運河の開通やピッツバーグの成長により，ニューヨークとペンシルヴェニアそれぞれの西部が存在感を高める。いずれも，ハドソン渓谷とニューヨーク，またデラウェア渓谷・スクールキル川流域とフィラデルフィアの関係について，州（植民地）単位の研究を促す要因になった。これに対してニュージャージーの場合，西からはクエーカー，東からはニューイングランド出身者・オランダ系などが入植し，大別しても 2 つの経済圏・文化圏が乗り入れた。いずれか 1 つの都市との関係のみから，この州全体について一般化することはできない。この州は，「アイデンティティ・クライシスに苦しんでいる」とされるのである[43]。

　第三に，この州については基礎的な史料が十分でない。植民地時代や共和国初期の課税台帳は少ししか残っておらず，連邦センサス原簿は 1830 年以降のものしか使えないうえ，調査項目が少ない。1820 年の工業センサスや通称『マクレイン報告書』（1833 年）も，この州についてはどの工業を調査対象とするか統一されておらず，網羅的ではない。州政府がセンサスをとり始めるのは 1850 年代以降である。したがって 19 世紀前半については，カウンティやタウンシップごとの人口学的変動や，土地所有の状況，また作物・製品の生産量などの変化を時系列的にマクロに描くことは難しい。農村社会の全体像を描きにくいのである[44]。

---

43) Jean R. Soderlund, "A Barrel Tapped at Both Ends: New Jersey and Economic Development," *Reviews in American History* 24: 4 (December 1996): 574. 植民地時代の入植者集団の多様性については，Peter O. Wacker, *Land and People: A Cultural Geography of Preindustrial New Jersey: Origins and Settlement Patterns* (New Brunswick: Rutgers University Press, 1975) を参照。

44) ただし，遺産目録を網羅的に調査してバーリントン・カウンティ住民の財産所有状況を明らかにしたポール・クレメンスの研究がある。Wacker and Clemens, *Land Use*, 263-296. 各種

第3節 ニュージャージーに見る地域的連関とネットワーク

　この州を取り上げる研究者はしばしば，全国的な経済が確立し，また近接する都市が爆発的な人口増を経験した19世紀中ごろ以降に注目してきた。それらの研究によれば，西部で穀物栽培が本格化すると，ニュージャージーを含め，東部の都市近郊の農民は野菜と果物の栽培に力を入れた。こうした作物は長期保存できなかったため，遠隔地は近郊地に対抗することはできなかった。早くは1830年代以降，ニュージャージーを横断するカムデン・アンド・アンボイ鉄道は，桃を州南部からニューヨークに向けて運ぶようになる。また19世紀後半から世紀転換期にかけて，州南部の農場では，ベリー，トマト，ジャガイモなどの収穫作業のため，極めて季節的な労働力需要が生じるようになっていた。南ヨーロッパ出身の移民労働者が都市から出向いて，農場から農場へと渡り歩き，この需要を満たしていた[45]。

　19世紀中葉や世紀末に見出しうるこれらの現象は，19世紀に始まった転換の長期的な帰結の一部といえる。だが植民地時代から19世紀まで農業の営み方に連続性があることを重視するなら，この転換の開始期も，独自に注目するに値する。19世紀前半には農村の経済活動の強化と地域市場とが幾

　　センサスと課税台帳を活用してハドソン渓谷の農業の時系列変化を追跡した例として，Bruegel, *Farm, Shop, Landing,* 98-105がある。平出『アメリカ資本主義成立史研究』，1-119，と楠井『アメリカ資本主義と産業革命』，173-328は，それぞれ『マサチューセッツ農業調査報告』(1837～40年)と『マサチューセッツ産業統計』(1845年)，『マクレイン報告書』(1833年)によってマサチューセッツ州の農業とマサチューセッツ・ペンシルヴェニア両州の農業と工業を俯瞰している。19世紀後半のニューヨーク州西部についてセンサスを活用した経年分析の例として，岡田泰男「19世紀アメリカ東部の家族農場と農業労働者――ニューヨーク州ロット農場，1843年～1879年」『社会経済史学』70巻3号(2004年9月)，261-282，岡田泰男「ニューヨーク州西部農業の変化　19世紀中葉・セネカ郡」『三田学會雑誌』94巻2号(2001年7月)，245-276。

45) Edward K. Spann, *The New Metropolis: New York City 1840-1857* (New York: Columbia University Press, 1981), 122-123; Hubert G. Schmidt, *Rural Hunterdon: An Agricultural History* (New Brunswick: Rutgers University Press, 1945), 131-133, 153, 202; Cindy Hahamovitch, *The Fruits of Their Labor: Atlantic Coast Farmworkers and the Making of Migrant Poverty, 1870-1945* (Chapel Hill: University of North Carolina Press, 1997), 14-54; Marc Linder and Lawrence S. Zacharias, *Of Cabbages and Kings County: Agriculture and the Formation of Modern Brooklyn* (Iowa City: University of Iowa Press, 1999), Part One; 岡田泰男「小麦農場からりんご園へ　19世紀後半，アメリカ東部の都市近郊農業」『三田學會雑誌』99巻1号(2006年4月)，1-27。ニューヨーク州西部も世紀後半には酪農や牧畜が盛んになり，小麦の栽培量は減少する。岡田「ニューヨーク州西部農業の変化」を参照。

種類もの形で結びつき，ネットワークをなしていたのであり，地域経済が拡大し変貌した様子を，それらの結びつきを通じて観察できるからである。ニュージャージー州は，19世紀に都市が発展する際に必要としたさまざまな物資を第一に提供した場所の1つである。共和国初期には全国経済は未成立で，新機軸といえる経済活動すら，小規模に地域で営まれていた。本章冒頭で見たとおり，ニューヨークとこの州とは密接なつながりがあり，同じことはフィラデルフィアについてもいえる。両方の都市と同時に関係をもつ農村住民も少なくなかった。その一方で，住民数の少ない未開発の区域も州南部を中心に多く，19世紀前半にはその開発が都市での需要をにらみながら行われた。ニュージャージーの農村と州のすぐ外の都市が取り結ぶネットワークに注目し，それが稠密化し，拡大して変容する過程を細かく検討することは，地域経済全体の変貌を理解するのに有用な作業なのである。

　この州が都市に対して敏感だったことは，数少ない先行研究でも指摘されている。植民地時代末期から共和国初期のニュージャージー農民と商人の帳簿を大量に調査した地理学者ピーター・ワッカーによれば，ニュージャージーの農業は植民地時代や共和国初期に，空間的に多様化する傾向を見せた（図序-3）。本章冒頭で見たとおりこの州の農民は自家消費用にさまざまな作物を栽培したが，その一方で，都市市場に近い区域では野菜・果物，次の区域では木材，さらに次の区域では穀物へと，早い時期から区域ごとにある程度の傾斜を見せた。場所によっては，どちらの都市からの需要にも同じ作物で対応できた。この傾斜は，農民が自家消費用の栽培を維持しつつ，同時に市場を意識していたことを，したがって19世紀後半に加えてより前の時代にも，ニュージャージーの農村が都市や地域経済の動きに対応していたことを示している。18～19世紀前半のこの州に見出される経済活動は，地域経済の発展を農村が柔軟に支え，推し進めたことを知るうえで，格好の材料となるはずである[46]。

　近年，共和国初期の農村が地域経済に及ぼした影響力は評価されるように

---

[46] Wacker and Clemens, *Land Use*, 48 and passim. ニューヨーク州の事例も合わせて検討したLouis P. Tremonte, III, "Agriculture and Farm Life in the New York City Region, 1820-1870" (Ph.D. diss., Iowa State University, 2000), 187-359, も参照。

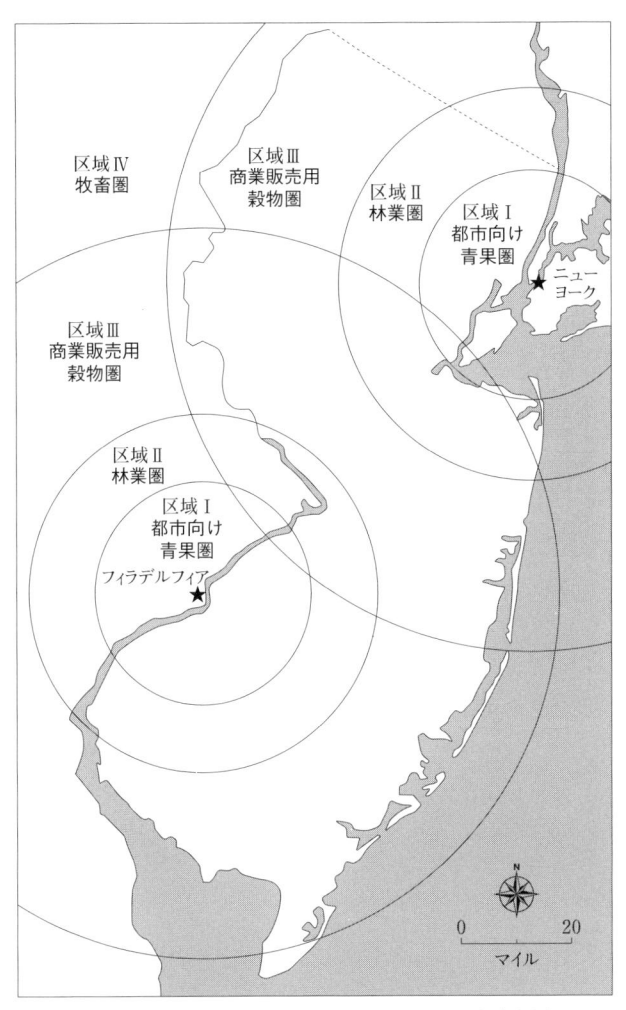

第3節　ニュージャージーに見る地域的連関とネットワーク　　　　37

図序-3　19世紀初頭のニュージャージーの土地利用

Peter O. Wacker and Paul G. E. Clemens, *Land Use in Early New Jersey: A Historical Geography*（Newark: New Jersey Historical Society, 1995), 48 を改変。

なっている。都市と農村のいずれが経済発展に強い力をもったかをめぐっては，資本の蓄積と投資のあり方が焦点の1つとされてきた。機械を用いる大規模工業が農村部に設けられ，ボストン商人がこれに投資して発展させた，というニューイングランド繊維工業の事例はよく知られるが[47]，今日では，18〜19世紀初頭の中部大西洋地域に関しては，都市部資本の役割をより慎重にみるのが一般的である。フィラデルフィアやニューヨークの資本が商業から工業へと流れを変えるには，長い期間を要したと考えられている。商業は継続したし，他の分野に投資する場合も，土地や株式，私企業の体裁をとった交通インフラ整備など，工業以外にも対象があった。さらに都市よりも農村からの資金提供を重視して，19世紀初めの数十年について，ペンシルヴェニアの農村部から，かなりの規模で同州の内陸開発に投資が行われていたことを実証した研究もある[48]。

また，大規模な機械制の工業にばかり注目するのも，当時の経済の実態に照らして問題がある。フィラデルフィアの繊維工業はパートナーシップによる中小規模の企業が担っていたとするフィリップ・スクラントンの研究が示すように，小規模に営まれる工業が重要な地位を占めることもありえた。ペンシルヴェニア州南東部の農村では19世紀初め，地元の男性職人が小規模な工場を設けて，地元向けに手織りで繊維を生産した。加えて，19世紀への転換期に工業とされたのは繊維工業だけではない。中部大西洋岸の場合は

---

47) ただしロバート・ダルゼルが指摘するとおり，ボストン・アソシエイツの面々は一度に商業を離れたわけではない。Robert F. Dalzell, *Enterprising Elite: The Boston Associates and the World They Made* (Cambridge, Mass.: Harvard University Press, 1987), 56-57. 佐合紘一『ニューイングランド繊維株式会社とボストン金融機関　アメリカ初期株式会社の資本蓄積構造』(泉文堂，2003年)，も参照。またこの説については再検討が行われ，地元商人の役割を重視する見解が出されている。François Weil, "Capitalism and Industrialization in New England, 1815-1845," *Journal of American History* 84: 4 (March 1998): 1334-1354, esp. 1336-1342.

48) Thomas M. Doerflinger, *A Vigorous Spirit of Enterprise: Merchants and Economic Development in Revolutionary Philadelphia* (Chapel Hill: University of North Carolina Press, 1986), 282-364; Edward Countryman, "The Use of Capital in Revolutionary America: The Case of New York Loyalist Merchants," *William and Mary Quarterly* 49: 1 (January 1992): 3-28; John Majewski, *A House Dividing: Economic Development in Pennsylvania and Virginia Before the Civil War* (New York: Cambridge University Press, 2000).

第3節 ニュージャージーに見る地域的連関とネットワーク　　39

製鉄が工業の重要な一翼を担っており，またガラスや陶器・レンガの生産，ひいては皮なめし，製粉やカエデ砂糖の採取なども，工業に含まれる。農作物の加工は，農業人口が圧倒的だった共和国初期の環境では，当然考えうる工業であった。テンチ・コックスは1810年の工業センサスで製粉について，「特質に関しては工業なのか農業なのか，疑わしい性格である」と述べつつ，工業に含めている（下線部は原文ではイタリック。コックスによる）[49]。

　ニュージャージーを含め各地で盛んに営まれたこうした事業は，史料があまり多くないため，既存の研究では大雑把な記述に終始しがちである。複合型農場の経済活動の強化に注目する立場から見て，このような中間形態的な工業に誰が取り組んだか，これらの工業の存続や失敗が何に左右されたのかは，興味深い問いである。都市市場を意識して農村で行われていた18世紀後半〜19世紀初期の経済活動は，試行錯誤に満ちていた。それらを個別に事例研究することで，都市を含む地域的な連関と，その変容を照らし出すことができる。以前の農村からの連続性を強調しつつ，経済取引関係の地理的拡大と数的増大に共和国初期の経済の変化を見出すことができるだろう。

---

49) Anthony F. C. Wallace, *Rockdale: The Growth of an American Village in the Early Industrial Revolution* (New York: Norton, 1978), 73-123; Philip Scranton, *Proprietary Capitalism: The Textile Manufacture at Philadelphia 1800-1885* (Cambridge, England: Cambridge University Press, 1983); Adrienne D. Hood, *The Weaver's Craft: Cloth, Commerce, and Industry in Early Pennsylvania* (Philadelphia: University of Pennsylvania Press, 2003), 144-157; T・C・コクラン（天川潤次郎訳）『経済変革のフロンティア　アメリカ初期工業史1785〜1855年』（ミネルヴァ書房，1987年），71-148, ウォルター・リクト（森杲訳）『工業化とアメリカ社会　建国からの一世紀』（ミネルヴァ書房，2000年），35-52, 57-66。革命直後から1830年代までの上層商業エリートを，その組織した「法人格」を備えた各種企業・自治体組織に注目して広く定義し，その支配力の強さが一貫していたとする議論も，それ以外の形態の経済活動がさまざまにあったことは認めている。Andrew Schocket, *Founding Corporate Power in Early National Philadelphia* (Dekalb, Ills.: Northern Illinois University Press, 2007)。18世紀末〜19世紀初めの工業の定義に見られる揺れについては以下を参照。Peskin, *Manufacturing Revolution*, 61-132; Tench Coxe, *A Statement of the Arts and Manufactures of the United States of America for the Year 1810* (Philadelphia: Cornman, 1814; reprint, New York: Norman Ross Publishing Inc., 1990), 39-45. 引用はこれらのページにある表のタイトルから。

2. 農村型事業と地域の連関およびネットワーク

　本書では，ニュージャージー州中部・南部の地下資源や農産物などの加工を行った事業に注目して，これを「農村型事業」と呼ぶことにする。18世紀後半，19世紀前半の農村の事業家は，農村内に土地を所有するか，あるいは資本を携えて都市から移り住み，地域的な経済に関係する事業を農村で営んだ。彼らは自分の農場を維持したうえで，その他に所有する土地を開発してそこに存在する天然資源を利用し，農村経済においてはまったく普通の作業によって生産した物品を，都市の新しい需要に振り向けた。この継続性を，本書では「農村型」という言葉で強調したい。農村型事業は複合型農場と植民地時代以来の工業の存在と，農作業や農業労働の年間雇用サイクルを前提として営まれた小事業である。歴史研究者が重視してきた19世紀的工業（ニュージャージーでいえば州北部のパターソンで営まれた繊維工業[50]）や，ニューアークで盛んだった家具・靴生産（のちに皮革製品，機械工業など））に比べれば，規模は小さい[51]。

---

50) 第4章で短く言及するとおり，パターソンの繊維工業は本書で扱う各種の事業よりも資本投下の規模が大きい。また経営者と末端の労働者（地元の農民も含むが，アイルランド移民やニューイングランドから流れてきた労働者も多かった）の間に，緊張関係が秘められていたことが指摘されている。Paul E. Johnson, *Sam Patch, the Famous Jumper* (New York: Hill and Wang, 2003), 41-77; Howard Harris, ""Towns-People and Country People": The Acquackanonk Dutch and the Rise of Industry in Paterson, New Jersey, 1793-1831," *New Jersey History* 106: 3-4 (Fall/Winter 1988), 23-51. 以下も参照。Jeanne Chase, "L'organisation de l'espace économique dans le nord-est des États-Unis après la guerre d'indépendance," *Annales E. S. C.* 43: 4 (juillet-août 1988): 1011-1014.

51) 皮なめし，ガラス工業，レンガ生産，陶器生産なども農村型事業のカテゴリーに入る。本書で取り上げない事業を扱う研究として，以下がある。Donna J. Rilling, "Sylvan Enterprise and the Philadelphia Hinterland, 1790-1860," *Pennsylvania History* 67: 2 (Spring 2000): 194-217; Lucius F. Ellsworth, *Craft to National Industry in the Nineteenth Century: A Case Study of the Transformation of the New York State Tanning Industry* (New York: Arno Press, 1975); Arlene Palmer, "Glass Production in Eighteenth-Century America: The Wistarburgh Enterprise," *Winterthur Portfolio* 11 (1976): 75-101; Rosalind J. Beiler, *Immigrant and Entrepreneur: The Atlantic World of Casper Wistar, 1650-1750* (University Park: Pennsylvania State University Press, 2008), 155-171. ニューアークとその周辺については，以下を参照。Susan E. Hirsch, *Roots of American Working Class: The Industrialization of Crafts in Newark, 1800-1860* (Philadelphia: University of Pennsylvania Press, 1978); Don C. Skemer, "David Alling's Chair Manufactory: Craft Industrialization in Newark, New Jersey, 1801-1854," *Winterthur Portfolio* 22: 1 (Spring

第3節　ニュージャージーに見る地域的連関とネットワーク

　そうした小規模な経済活動は，共和国初期のニュージャージーでは活発に行われ，都市や地域全体の経済の動きに対応していた。第1章で見るとおり，18世紀後半でも，地元産の小麦を製粉してニューヨークとフィラデルフィアの両方に送り，収益を追求した事業家があった。19世紀前半に都市経済が発達するにつれ，それに積極的に対応する人々が隣接する農村部に現れた。メリノ羊の飼育や干拓などの小規模な事業は，今日では些細に見えるが当時は最先端であり，革新的だったかどうかはともあれ，農村と都市を結びつけた。第2章で論じるとおり，この州の樹木が都市でのさまざまな利用のために伐採されたのも，こうした小事業の一例である。第3・4章で取り上げる製鉄は，17世紀のマサチューセッツ植民地でも営まれ，農村の経済環境に順応していた伝統的な工業である。これも19世紀前半になると，都市の成長に対応した物品の生産を手がけるようになる。この時期の経済活動の多くは土地とその資源を利用するものであり，利益が上がると考えた農村住民の活動が，この州の経済発展を証拠立てるのである[52]。

　先述のとおりマクロなデータを利用できないため，本書では包括的な分析はできず，事例の検討によって論点を提示するにとどまる。だが市場革命の枠組み——市場関係が（しばしば都市から）農村へと浸透すると想定して，特定の一地域に対象を絞る——から自由になり，また時期区分を考え直すことによって，地域経済の変容と空間的編成の変化に言及したい。本書は，18

1987): 1-21.

52)　なお，近世ヨーロッパ史で論じられた「プロト工業化」論と，アメリカにおける複合型農場や農村型事業を対比する作業は，本書の課題を超える。ただし両者の間には，農民の土地保有が生活を支えられるかどうかをめぐる，環境的な差が反映していると思われる。プロト工業化論では土地の入手の難しさと，農民がしばしば土地で生活を支えられないことが前提になって，生計を立てる手段として農村で織物などが生産され，それは海外市場向けに大きな規模で営まれたとされる。複合型農場論は，農民が土地を追加で購入することが可能であり，実際に購入されたとしている。プロト工業化についてはとりあえず，F・メンデルス，R・ブラウン他（篠塚信義・石坂昭雄・安本稔編訳）『西欧近代と農村工業』（北海道大学図書刊行会，1991年）およびL・A・クラークソン（鈴木健夫訳）『プロト工業化　工業化の第一局面？』（早稲田大学出版部，1993年）を参照。なお，共和国初期のニューイングランド農村部における繊維の家内生産は，伝統的農場労働の強化の例と考えるのが適当である。Laurel Thatcher Ulrich, "Wheels, Looms, and the Gender Division of Labor in Eighteenth-Century New England," *William and Mary Quarterly* 55: 1 (January 1998), 3-38, esp. 28-29.

世紀以来の農村・都市間の取引関係は後方連関の形で増大していったと考える。後方連関，すなわち1つの商品生産が，その生産に資するための新たな製品の生産を生むことを通じて，農村は外部の市場との取引関係を結び，さらに新たな生産の場となって，緩急を伴いつつ地域経済を稠密化していったのである[53]。農村の事業家の地域的な市場への参画と取引の増大を通じて，19世紀前半の農村経済の輪郭は変化していった。農村が経済的に活発であったことが，19世紀前半の経済の1つの特徴なのである。

　農村型事業は概して，社会一般における事業活動の仕組みを大きく転換させる性格のものではなかったといえる。経済学者と歴史研究者はしばしば，事業家はアメリカの経済の仕組みを転換させる存在だったと示唆してきた。それらの研究者の枠組みでは，大事業家と政府との対立が政治問題になる19世紀後半と世紀末から20世紀への転換期に焦点が合わせられていて，より早い時期，特に小事業家と農民の関係が取り上げられることはあまりなかった。彼らの関心は，19世紀後半，20世紀前半に政府が経済を規制する権限を強めたことにあり，より以前の時期を扱う場合には，19世紀中ごろまでに自由放任が出現したこと（つまり，政府が経済に関与しないこと）が取り上げられる。それに対し，本書が着目するのは農村が農村の特性を保ったまま，外部の経済に向けて，何をどう生産したかである。これらの事業の意義は，必ずしも革新的ではないまま，経済発展に貢献した点に見るべきなのである[54]。

---

53) 後方連関については，John J. McCusker and Russell R. Menard, *The Economy of British America, 1607-1789* (Chapel Hill: University of North Carolina Press, 1985), 23-25; Albert O. Hirschman, *The Strategy of Economic Development* (New Haven: Yale University Press, 1958), 98-119, を参照。ちなみに前方連関（1つの商品を原材料として用いる新たな産業の発生）は，この時期の北部農村ではあまり見られなかった。

54) Glenn Porter, ed. *Encyclopedia of American Economic History: Studies of the Principal Movements and Ideas*, 3 vols. (New York: Scribner's, 1980), s. v. "Entrepreneurship," by Jonathan R. T. Hughes; Calvin A. Kent, Donald L. Sexton, and Karl H. Vesper, eds., *The Encyclopedia of Entrepreneurship* (Englewood Cliffs, N. J.: Prentice-Hall, 1982), s.v. "Entrepreneurial History," by Harold C. Livesay; Harold C. Livesay, "Entrepreneurial Dominance in Business Large and Small, Past and Present," *Business History Review* 63: 1 (Spring 1989), 1-21. 革新の主役としての事業者について，Robert K. Lamb, "The Entrepreneur and the Community," in *Men in Business: Essays in the History of*

農村型事業は、事業として持続・成功する条件をすべて満たしてはおらず、またある時点でその利点を失っていった。これらの事業は相互に独立した業者が対等な立場で結ぶ契約の形をとり、容易に立ち上げえたが、相手方の仕事ぶりに対する統制がききにくく、効率的な運営や、長期間にわたる事業の継続は容易ではなかった。また商品ごとにタイミングも理由も異なるが——価格の低下、より良質な資材を入手する必要、商品製造法の変化、輸送コストの低下などが考えうる——、地域経済は発展するにつれて、より広域的な取引のネットワークを作り出していく。第1章でも触れ、第4章で詳論するとおり、農村でも、事業を継続するには取引の空間的な拡大が必要になっていった。これは小規模な事業に対して、いっそう多くの資金の投入を求めた。しかもこの間、農村型事業の本来の強みである地元の資源は、必要とされなくなっていった。やがてある時点で、近隣でなく遠い地域との取引のほうが、地域経済にとって重要に、あるいは必要になるのである[55]。十分な備え

Entrepreneurship (Cambridge, Mass.: Harvard University Press, 1952), 91-119。より新しい研究で、コンラッド・ライトとキャスリン・ビアンズは都市部の事業家は「建設者にして利益の極大化を目指す存在」だったとするが、同時に「農村での状況がどのような具合であるとしても」ともつけ加えて、彼らの事業家理解を農村に適用するのは控えている。Wright and Viens, "Preface," in *Entrepreneurs: The Boston Business Community, 1700-1850*, ed. Conrad Edick Wright and Kathryn P. Viens (Boston: Massachusetts Historical Society, 1997), x. ネイオミ・ラムルーはアメリカ経済史の通史において、技術革新と企業の内部構成の変革を実現する存在として事業家を論じているが、農業社会との連続性を重視する本書の定義とは、反対の側面に注目している。Naomi R. Lamoreaux, "Entrepreneurship, Business Organization, and Economic Concentration," in *The Long Nineteenth Century*, volume 2 of *The Cambridge Economic History of the United States*, ed. Stanley L. Engerman and Robert E. Gallman (New York: Cambridge University Press, 2000), 403-434, esp. 414-418.

55) ネットワークの中の依存関係を分析して市場の浸透、さらには全国化を論じる研究として、Michael Zakim, *Ready-Made Democracy: A History of Men's Dress in the American Republic, 1760-1860* (Chicago: University of Chicago Press, 2003), 47-57; スコット・サンデージ（鈴木淑美訳）『「負け組」のアメリカ史　アメリカン・ドリームを支えた失敗者たち』（青土社、2007年）、129-242。先駆的な経済ネットワーク分析の社会史である William Cronon, *Nature's Metropolis: Chicago and the Great West* (New York: Norton, 1991) に加えて、以下も参照。岡田泰男「アメリカ東部の農村商人　19世紀中葉ニューヨーク州の例」『三田學會雑誌』97巻2号（2004年7月）、183-216; Diane Wenger, "Delivering the Goods: The Country Storekeeper and Inland Commerce in the Mid-Atlantic," *Pennsylvania Magazine of History and Biography* 129: 1 (January 2005): 45-72.

(competency) および天然資源という地元の基盤に依拠する事業活動と，数多くの地域との間に選択的に取引関係をつくり，資材を調達する際にはそちらに依拠する事業活動との間には，質的な違いがある。アメリカの市場社会は広域的に相互依存する取引関係を前提とする構成に転換し，近郊農村は市場に作用を及ぼす側から，それに左右される側に回っていく。

都市近郊の事業がかかえていたこうした脆弱性を19世紀初頭数十年の経済の特色と見なし，本書は農村型事業の失敗と消滅も検討する。農村型事業に対する需要の質が変わると，1830年代から50年代にかけて，農村の事業家は手がけていた事業から撤退する。放棄される事業もあれば，そのころに姿を現し始めた大事業家たちに買収され，広域ネットワークの一部として再編成される事業もあった。ほぼすべての研究者が合意するように，成功例1つの裏には，破産を含めて失敗例がいくつもある[56]。前者が集めてきた注目に比べれば，ここでは後者を取り上げてもよいであろう。そして彼ら小事業家は，さまざまな開発改良を始めた革命期のエリートと，また19世紀中ごろ・後期の大事業家の中間に位置するが，それぞれに対してつながりが見えにくく，社会における彼らの位置付けはいまだ曖昧である。彼らの活動と失敗を論じることで，このつながりの実例を示すことができるだろう[57]。

---

56) ジョン・ラーソンは市場革命期の事業家について，「その成功についてのごく短い略伝から私たちが考えてしまうよりもずっと頻繁に，そして消し去るなどなおさら無理なほどに，南北戦争前の事業家の物語は破産に彩られていた」と評している。Larson, *The Market Revolution in America*, 134-139, 137 (引用). 破産の社会史・文化史研究として，Edward J. Balleisen, *Navigating Failure: Bankruptcy and Commercial Society in Antebellum America* (Chapel Hill: University of North Carolina Press, 2001); Sarah Kidd, "'To be harassed by my Creditors Is worse than Death': Cultural Implications of the Panic of 1819," *Maryland Historical Magazine* 95: 2 (Summer 2000): 161-190; サンデージ『「負け組」のアメリカ史』。

57) 革命期指導者のリーダーシップについては，本章注15の文献に加えてJohn Lauritz Larson, *Internal Improvement: National Public Works and the Promise of Popular Government in the Early United States* (Chapel Hill: University of North Carolina Press, 2001), 9-63; Tamara Plakins Thornton, *Cultivating Gentlemen: The Meaning of Country Life among the Boston Elite* (New Haven: Yale University Press, 1989), 21-77. 19世紀中ごろまでの事業エリートは商人であった者が多い。製造業出身者がエリートとして認知されるのは世紀中ごろからになる。Sven Beckert, "Merchants and Manufacturers in the Antebellum North," in *Ruling America: A History of Wealth and Power in a Democracy*, ed. Steve Fraser and Gary Gerstle (Cambridge, Mass.: Harvard University Press, 2005), 92-122; idem, *The Monied Metropolis: New York City and the Consolidation of the American*

3. 本書の構成

　以下，第1章では1780年代にニュージャージー中部から，ニューヨークとフィラデルフィアの両方にまたがる供給・販売のネットワークを作ろうとした一製粉業者の事例を論じる。18世紀後半のニュージャージーでは商業的穀物栽培が盛んだった。ここでは，製粉所を営んだリチャード・ウォルンが農民と取引し，また収益を上げようと，2つの市場の価格と販売の動向をにらんで市場を選び，ニュージャージー側の複数の搬送港を選択するなど，かなりの計算をしたことを確認する。それでもこの製粉所は1780年代末以降，生産規模を縮小せざるを得なかった。そこからは，価格に敏感であるだけでは事業に成功するとは限らず，製粉業の地域的・地域間的取引の趨勢にかんがみて，立地が有利であったかどうかが肝心であったことがわかる。この州のアメリカ経済の中の役回りは，この後，小麦栽培から他の分野に移っていく。

　第2章は，蒸気船の導入によって需要が大幅に増大した燃料薪を，1810年代にニュージャージーで生産・供給した一事業を分析する。蒸気船用の燃料薪生産は蒸気船を前提とする派生的な事業だが，都市での需要が農村に対して安定的な供給を求めた点で，後方連関のよい事例である。そしてこの事業が必要とした労働は，農村社会でずっと営まれてきた労働と異なるところがほとんどなかった。本章ではこの事業の中心人物であるサミュエル・G・ライトの帳簿と書簡類を分析し，蒸気船と薪の生産との間にいた人々の人脈を再構成する。そこでは地元のどのような経済的地位の者が，どの仕事を，どの程度模範的に手がけたかも検討することができ，こうした農村型事業の

　　　Bourgeoisie (New York: Cambridge University Press, 2001). なお，本書の扱う地域よりわずかに北のニュージャージー州トレントン周辺を扱う，フランス語で書かれた事例研究を，本書脱稿時に入手した。Pierre Gervais, *Les origines de la révolution industrielle aux États-Unis: Entre économie marchande et capitalisme industriel 1800–1850* (Paris: Éditions de l'École des Hautes Études en Sciences Sociales, 2004).「商業経済」の中で「独立生産者」と「商人」という2つの「階級」が対立し，そこから「産業資本主義」が生まれるとする同書の議論は，市場革命論ではなくヨーロッパの産業革命研究への応答を図るもので，分析の枠組みを，アンシャン・レジーム期のフランス経済を論じたジャン＝イヴ・グルニエの研究 (Jean-Yves Grenier, *L'économie d'Ancien Régime: Un monde de l'échange et de l'incertitude* (Paris: Albin Michel, 1996)) に負っている。以下では，フランスにおけるヨーロッパ社会経済史の研究動向の評価以外の部分について，同書に言及していくことにする。

強さと弱さについて，考えることができる．

　第3章は木炭生産や鉄分を含む泥土を用いた製鉄など，第2章と同じ人物がその後に手がけたさまざまな事業を追い，そこに共通する特質を検討する．ここで検討するのはいずれも植民地時代から見られた経済活動だが，それらは近辺の農村ではなく，都市での需要の増大に応じようとすることにより，事業としての編成を強めていった．しかしその際に，資源を産する土地を農場ごと貸して農場管理も任せる傾向が看取でき，農場の分益貸しのパターンから引き継いだと思われる仕組みが残っていた．また労働者も全員が特定の事業に専属していたとは言いがたく，農閑期の農民を含めた雑多な編成であった．事業を安定的に継続するためには，労働力と資源などを確保し，タイミングよく組み合わせる必要があるが，農村型事業にとって，それは容易なことではなかった．

　そして第4章では，地元の農村社会が都市部の需要にうまく応じられなくなったときに何が起こるかを，第2・3章で取り上げたサミュエル・G・ライト，およびニュージャージーの著名な製鉄業者リチャーズ家の事例から検討する．彼らの事業は遠方から資源を取り寄せることを余儀なくされ，都市部の鉄加工業者との競合も強まり，事業としての技術的・資金的な体力が限界に達する．農村型事業の限界は，都市の資本家の主導によって中部大西洋地域が編成替えされ，大規模な工業社会への扉が開かれることを意味した．第1章で小麦について確認したプロセスが，鉄をめぐっても起きたのである．

　終章では1840年，50年，60年の連邦センサスのデータを利用して，19世紀中ごろのニュージャージー農村部と工業都市でどの生産活動が衰退，継続，または発展していたかを確認し，第1～4章の事例研究を敷衍する．小麦栽培の衰退から約50年のうちに，森林を活用する事業も行きづまる．農村型事業の多くは，1860年までにその存在が見えにくくなっていた．それは農村の経済の位置づけが，地域レベル，地域間レベルでの再編成の中で変わっていった結果である．だがその結果のみを見るのでなく，初発の時点で何が農村型事業の利点だったか，何がその限界となったか，そして農村型事業から何が残ったかを確認するなら，19世紀中ごろの社会経済的な変化を，18世紀から続く長い発展過程の上に位置づけることができるのである．

第1章
小麦粉——リチャード・ウォルンの製粉事業に見る区域間連結, 1780年代

「47bb［樽］の特級（superfine）小麦粉，11bb の豚肉と一緒に今月 10 日付の手紙を受領しました。……質のほうはあまり細かく（fine）なかったですが，……検査官には，ニューヨーク市場向けにまとめたものなので，次はよくなると言っておきました」。1788 年 3 月，フィラデルフィア在住のクエーカー商人ジェイコブ・ダウニングは，ニュージャージー州モンマス・カウンティの製粉業者リチャード・ウォルン宛ての手紙に，このように書いている。この手紙自体は，都市の商人と周辺農村の製粉業者の間で小麦粉の受け渡しを確認する，ごくありきたりの内容である。しかし，商人が公的な役人である検査官に向かって，フィラデルフィアに届く小麦の中にはフィラデルフィアでなく，ニューヨーク市場向けに作られたものが流れてくることもある，と当然のように説明していることは，注目に値する。この手紙を信じるなら，これら 2 つの都市の間に位置するニュージャージー州の農村部では，18 世紀後半，どちらの市場に農産物を送るか，意識的に計算をすることができ，かつその計算が狂うこともあったことになるだろう[1]。

であれば，この手紙の受け取り手であるリチャード・ウォルンの営んだ製粉所は，極めて商業的な製粉所だったと考えうる。研究者トーマス・ドァフリンガーは，この製粉所にも言及しながら，こうした製粉所は「農村部における洗練された製粉・販売の中核」だったと述べている。18 世紀後半のフィラデルフィア市場圏には，大量の小麦粉を製粉し，仲介業者を通じて輸出商に販売する製粉業者がいて，彼らの事業展開は「さまざまな種類の『地元向け農作物（country produce）』の取引とはおそらく別個のもの」だったというのである。こうした製粉所は，ニュージャージーの農村がこの時期までに経済的にどこまで発展したかを示す例といえる[2]。

---

1) Jacob Downing to Richard Waln（以後 RW と略記），March 22, 1788, Richard Waln Papers, Historical Society of Pennsylvania（以後 RWP と略記）．
2) Thomas M. Doerflinger, "Farmers and Dry Goods in the Philadelphia Market Area, 1750-1800," in *The Economy of Early America: The Revolutionary Period, 1763-1790*, ed. Ronald Hoffman et al. (Charlottesville: University of Virginia Press, 1988), 166-195, esp. 189-190（引用）．

しかし，農村から都市への農作物の流れは，歴史研究者の関心をあまり集めてこなかった。市場への関与を示す証拠はさまざまな資料に散見される。だが市場革命論の枠組みを利用する研究者は，18, 19世紀の農民がいかに市場を避けてきたかに関心を寄せていたため，自家消費を念頭に置いた活動が持続したことのほうに，研究が傾いていたのである。その研究成果を受け止めつつ議論が逆の方向に向き始め，農民は自家消費向けと市場向け生産の両方を手がける「複合型農場」を営んでいた，市場向けに栽培した作物は売りに出すものの，自家消費する目的でも栽培を行い，その収穫分は出さなかった，という折衷的見解が打ち出されたのは，そう前のことではない。だがこの見方に立てば，植民地時代の貿易史の基礎事項を，農村史と結びつけることができる。中部大西洋岸地域の小麦栽培がもっていた経済的な意義——18世紀後半，小麦粉はこの地域の主要輸出品の1つとしてフィラデルフィア・ニューヨークあるいはボルティモアから輸出され，大西洋経済圏を潤した——を評価したうえで，農民・農村と市場の関わりを論じることが可能になるのである[3]。

リチャード・ウォルンが営んだような製粉所は，農業・商業・工業が出会う場所だったと考えることができる。工業化が始まるよりも前の時期においては，製粉所は技術的に最も高度な製造業の1つであり，商業資本主義と産業資本主義の間に位置したとも考えることができる。商人は小麦粉を輸出するのみならず，その生産と都市への搬送に，どのように取り組んだのだろう

---

3) James Henretta, "Families and Farms: *Mentalité* in Pre-Industrial America," *William and Mary Quarterly* 35: 1 (January 1978): 3-32; Michael Merrill, "Cash Is Good to Eat: Self-Sufficiency and Exchange in the Rural Economy of the United States," *Radical History Review* 4 (Winter 1977): 42-71; Christopher Clark, *The Roots of Rural Capitalism: Western Massachusetts, 1780-1860* (Ithaca: Cornell University Press, 1990). Charles Sellers, *The Market Revolution: Jacksonian America, 1815-1846* (New York: Oxford University Press, 1991)，はこの立論に沿った通史である。この見解への批判として，Winifred B. Rothenberg, "The Market and Massachusetts Farmers, 1750-1855," *Journal of Economic History* 41: 2 (June 1981): 283-314，そして修正的な見解の到達点である Richard Lyman Bushman, "Markets and Composite Farms in Early America," *William and Mary Quarterly* 55: 3 (July 1998): 351-374，を参照。その他に John J. McCusker and Russell R. Menard, *The Economy of British America, 1607-1789* (Chapel Hill: University of North Carolina Press, 1985)，も参照。

か。製粉業者は製粉から利益を上げて資本とし，生産の拡大と，場合によっては違う経済活動に投資しただろうか。どのような条件がそろえば，そうした選択は可能になっただろうか。本章ではニュージャージーの製粉所の事例を検討して，これらの問いへの答えを探る。資料から，小麦の買い付けと小麦粉の搬送について詳しい情報が得られるので，周囲の農民との関わりも含め，利益の追求がどの程度成果を上げえたか，具体的に検討することができる。フィラデルフィアとデラウェアの製粉業は18世紀からその存在がよく知られており，先行研究が操業の実態を明らかにしているが，本章の分析は，事例を追加するにとどまらないのである。以下では1780年代にウォルンの製粉所がどこから小麦を入手したかを確認し，地元の農民との関係に触れる。また製粉所からニューヨーク・フィラデルフィア両市場への小麦の搬送を取り上げる。地元・地域・地域間の空間枠から考察することにより，18世紀の農村・都市間の経済ネットワークの強みと弱点を明らかにすることを目指す[4]。

　ニュージャージーの農村については，植民地時代末期から共和国初期にかけての農民の帳簿を大量に分析した，地理学者ピーター・ワッカーの先行研究がある。ワッカーはニューヨークとフィラデルフィアの双方を中心とする3つの同心円群をニュージャージーに重ね合わせて，経済的な土地利用の傾向を説明している。彼によれば，18世紀，19世紀初めには，小同心円区域

---

[4] Thomas Doerflinger, *A Vigorous Spirit of Enterprise: Merchants and Economic Development in Revolutionary Philadelphia* (Chapel Hill: University of North Carolina Press, 1986), 283-364; Edward Countryman, "The Use of Capital in Revolutionary America: The Case of the New York Loyalist Merchants," *William and Mary Quarterly* 49: 1 (January 1992): 3-28. 農村商人については，Thomas S. Wermuth, "Rural Elites in the Commercial Development of New York, 1780-1840," *Business and Economic History* 33: 1 (Fall 1994): 71-80; Gregory Nobles, "The Rise of Merchants in Rural Market Towns: A Case Study of Eighteenth-Century Northampton, Massachusetts," *Journal of Social History* 24: 1 (Fall 1990): 5-23 を参照。製粉所に関する最新の議論は，1780年代に小麦粉取引が活発であったと強調する。Brooke Hunter, "Wheat, War, and the American Economy during the Age of Revolution," *William and Mary Quarterly* 62: 3 (July 2005): 505-526; idem, "The Prospect of Independent Americans: The Grain Trade and Economic Development during the 1780s," *Explorations in Early American Culture* 5 (2001): 260-287. また以下も参照。Diane Lindstrom, *Economic Development in the Philadelphia Region, 1810-1850* (New York: Columbia University Press, 1978).

の，両都市に隣接する場所に住む農民は野菜や果物を栽培し，次の中同心円区域に住む農民は林業で利益を上げていた。さらにその次，つまり大同心円区域は小麦栽培が盛んな地域であったという。彼の研究は，市場からの距離が農業に影響を及ぼしたことを実証的に明らかにしている。だが実は，18世紀後半の農村部の都市市場との関わり方は，市場からの距離だけでなく，その他にさまざまな要因が関係して決まっていった。本章ではそれを，1つの事例の集中的な検討により示す。それらさまざまな要因とは，環境的要因，土壌の豊かさ，代理人と仲介者の行動，そして地域間経済との競合である[5]。

第1節　小麦を入手する

1. 都市と遠隔地からの買い付けの試み

リチャード・ウォルン（1739年ごろ～1809年）は，1774年の6月6日に，ニュージャージー州モンマス・カウンティのアッパー・フリーホールド・タウンシップにあるクロスウィックス川沿いの製粉所に移り住んできたことが知られている。フィラデルフィアのクエーカー説教者ニコラス・ウォルン（1742～1813年）の兄弟で，自身もクエーカーであるリチャードは，1760年代にはフィラデルフィアで輸出商を営んでおり，農作物と樽板をバルバドスやジャマイカに輸出し，ヨーロッパからの輸入も手がけていた[6]。アッパー・フリーホールド・タウンシップは，同州内で地味の最も肥えたタウンシ

---

[5] Peter O. Wacker and Paul G. E. Clemens, *Land Use in Early New Jersey: A Historical Geography* (Newark: New Jersey Historical Society, 1995), 48 and passim. Richard William Hunter, "Patterns of Mill Siting and Materials Processing: A Historical Geography of Water-Powered Industry in Central New Jersey" (Ph.D. diss., Rutgers University, 1999), も参照。

[6] Elaine Forman Crane, ed., *The Diary of Elizabeth Drinker*, 3 vols. (Boston: Northeastern University Press, 1991), 200. 以下の人物間の書簡複数を参照のこと。Joseph Jones and Demsey Burges, North Carolina, to RW, and Haliday Dumbar and Dumbar, Liverpool, to RW, in RWP. またウォルンは1760年代，70年代に『ペンシルヴェニア・ガゼット』紙に何度も広告を掲載している。一例として *Pennsylvania Gazette*, August 27, 1767 を参照。その他 Joseph Carson, "The Surprising Adventure of the Brigantine Rebecca: Incidents in the West India Trade of 1762," *Proceedings of the American Antiquarian Society* 60: 2 (October 1950): 267-306 がウォルンの商人としての活動に触れる。彼の成功については Doerflinger, *A Vigorous Spirit*, 179 を参照。

ップの1つだった。ワッカーの同心円図による把握においては，ニューヨーク・フィラデルフィアのいずれから見ても，小麦を栽培していた区域にあたる。この地域にはクエーカーの入植が多く，彼らはいずれも規模の大きな農場を営み，小麦とライ麦の種を秋にまいて夏に収穫，トウモロコシは春に植え付けて，秋に収穫していた。脱穀ののち，農民は作物を製粉所に持ち込んで製粉させていた[7]。

　ウォルンの製粉所（「ウォルンフォード」という名である）からフィラデルフィアまでは，40マイル以上の距離があったが，小麦粉の搬送は難しくはなかった。ウォルンフォードからデラウェア川沿いの港町ボーデンタウンまでは10マイルを切る距離で，そこからはフィラデルフィアへと，輸送船が定期的に運航していた。ウォルンフォードからはボーデンタウンに「馬車が1日に2回出て」いた。他方，ボーデンタウンとは逆方向のニューヨーク側に目を向けると，ラリタン川がニューヨーク湾に注ぐ河口に位置する港町サウス・アンボイは，ウォルンフォードから30マイル離れていたが，ボーデンタウンからこの町まで，連絡馬車が通るルートがあった。このルートを使えば，ニューヨークへの搬送も十分に行いえた[8]。

　独立戦争中，商取引を営むのは容易ではなく，ウォルンの製粉所も大きな影響を受けた。戦争の初期にはニュージャージーは戦場になり，また同州の

---

[7]　1780年ごろ，アッパー・フリーホールド・タウンシップの農場規模の中間値は150エーカーと200エーカーの間にあり，モンマス・カウンティ全体では165.8エーカーであった。Wacker and Clemens, *Land Use*, 95-96. 農業と地理に関しては，ibid., passim; James T. Lemon, *The Best Poor Man's Country: A Geographical Study of Early Southeastern Pennsylvania* (Baltimore: Johns Hopkins University Press, 1972), 12-13, 126-127, 179-182 を参照。

[8]　John F. Walzer, "Colonial Philadelphia and Its Backcountry," *Winterthur Portfolio* 7 (1972): 161-173; Wheaton J. Lane, *From Indian Trail to Iron Horse: Travel and Transportation in New Jersey, 1620-1860* (Princeton: Princeton University Press, 1939), 80-84; David E. Dauer, "Colonial Philadelphia's Intraregional Transportation System: An Overview," *Working Papers from the Regional Economic History Research Center* 2: 3 (1979): 1-16. 引用は以下の書簡より。Mary Waln Wistar to Thomas Wistar, undated, Wistar Family Papers, Historical Society of Pennsylvania. Ruth Holmes Honadle and George Holmes Honadle, *Twixt Crosswicks Creek and Burlington Path: Glimpses of Life, Nature and Change on a Cream Ridge Farm* (Freehold, N. J.: Triangle Reprocenter, 2001), 116-118, も参照。

すぐ外の2つの都市も、戦争の影響を受けたのである。イギリス海軍の封鎖が敷かれ、ニューヨークはイギリス側に占領されていた。フィラデルフィアでも、戦争に協力的ではなかったクエーカー商人たちは一時的に同市から追放され、その後も革命政府に監視されていた。ニュージャージーが戦場となった際には、大陸軍が小麦粉を求めたことなどもあり、ウォルンの製粉所から都市へと小麦粉が流れることはなかった。ウォルン自身は、クエーカーとしての立場に加え、親イギリス的な姿勢を見せていた。イギリス軍が州西部のトレントンを占領していた1776年12月下旬には、同市まで小麦粉を売りに出している。また彼の製粉所の近辺では、地域住民の一部によって親英的なゲリラ活動も繰り広げられていた。こうした動きはニュージャージー州政府を警戒させた。州政府に忠誠を誓うのを拒否したウォルンは、1777年10月から10ヶ月にわたってニュージャージーを離れることを余儀なくされている（彼はイギリスに去ったジョゼフ・ギャロウェイに宛てた手紙の中で、忠誠派的な感慨をもらしている）。翌年8月にニュージャージーに戻ったのち、彼が穀物を買い付け始めたのは1782年の2月からである[9]。したがって、戦争が終結したときにウォルンがどのように小麦を入手したかから、議論を始めるのが適当である。

　都市商人あがりの業者にふさわしく、ウォルンは都市との結びつきを生か

---

9) Robert F. Oakes, "Philadelphians in Exile: The Problem of Loyalty During the American Revolution," *Pennsylvania Magazine of History and Biography* 96: 3 (July 1972): 298-325; *Minutes of the Council of Safety of the State of New Jersey* (Jersey City: John H. Lyon, 1872), 143, 276-277; RW to Joseph Galloway, March 29, 1789, RW Letterbook; grain purchase book, 1773-1786; flour carting record, 1773-1791, RWP. ウォルンと忠誠派について、David J. Fowler, ""Loyalty Is Now Bleeding in New Jersey": Motivations and Mentalities of the Disaffected," in *The Other Loyalists: Ordinary People, Royalism, and the Revolution in the Middle Colonies, 1763-1787*, ed. Joseph S. Tiedemann, Eugene R. Fingerhut, and Robert W. Venables (Albany: State University of New York Press, 2009), 51-55; Kenryu Hashikawa, "Rural Enterprise in New Jersey during the Early Republic" (Ph.D. diss., Columbia University, 2002), 50-53 などを参照。イギリス海軍による封鎖については、次の研究を参照。Richard Buel, *In Irons: Britain's Naval Supremacy and the American Revolutionary Economy* (New Haven: Yale University Press, 1998), 222-227. 独立戦争中のニュージャージー西部のクエーカーについては、Liam Riordan, *Many Identities, One Nation: The Revolution and Its Legacy in the Mid-Atlantic* (Philadelphia: University of Pennsylvania Press, 2007), 45-57, も参照。

して製粉を行おうとした。小麦を入手するにあたって，地元の農民に依存しようとせず，むしろ都市を経由して遠隔地からの入手を図ったのである。イギリス海軍の海上封鎖が解けると，彼がまず目を向けたのは，革命前夜にはフィラデルフィアにとって小麦の主要産地の1つになっていたチェサピーク湾地域である[10]。彼は親類のフィラデルフィア商人ヘンリー・ライルに依頼して，ヴァージニアからフィラデルフィアに届く小麦を点検・購入させるとともに，ボーデンタウンまで川をさかのぼる搬送を任せた。ライルは1783年9月から12月までに小麦を6回購入し，その合計は2401と17/60ブッシェルである。しかもウォルンは地元の農民から，同年8月から12月までに1211と16/60ブッシェルしか購入していない。都市からの入手は，地元農民からのそれの約2倍にあたったのである。またこれは，ウォルンが同年8月から翌1784年7月までの1年間に買い付けした小麦の総計7152と10/60ブッシェルと比べても，約3分の1にあたる。ライルが買い付ける小麦は，製粉所近辺からの小麦買い付けを補って余りあるものだった[11]。彼の製粉所には農村型事業の枠を超える志向があったといえる。

しかし質のよい小麦を買い付けるのは決して簡単ではなく，ウォルンはすぐにライルに不満をもらし始めている。83年10月，彼はボーデンタウンに届いた小麦が湿っていると書き送っている。ライルはこのとき，自分が買い付けたときには乾燥していたし，2週間にわたって乾燥した涼しい場所に保管しておいた，小麦が温かかったが扇であおいで熱を飛ばした，と返信した。だが彼の立場はその後，より苦しくなったようである。10月31日付の書簡では，ライルは送った小麦にニンニク臭がしたことを認めたうえで，「そこまでひどいと思いませんでしたし，他には手に入らなかったのです」と述べている。翌月，彼はより慎重になっていて，700ブッシェルの小麦について

---

10) Paul G. E. Clemens, *The Atlantic Economy and Colonial Maryland's Eastern Shore: From Tobacco to Grain* (Ithaca: Cornell University Press, 1980); Carville Earle and Ronald Hoffman, "Staple Crops and Urban Development in the Eighteenth-Century South," *Perspectives in American History* 10 (1976): 7-78.

11) Grain purchase book, 1773-1786; miscellaneous accounts, 1783-1786, RWP. 小麦の収穫は通常6月と7月に行われたので，その買い付けは8月1日に始まり翌年の7月31日に終了したものとして計算。リチャード・ビュエルは *In Irons*, 258，において8月15日を買い付け初日として計算している。Wacker and Clemens, *Land Use*, 144-145 も参照。

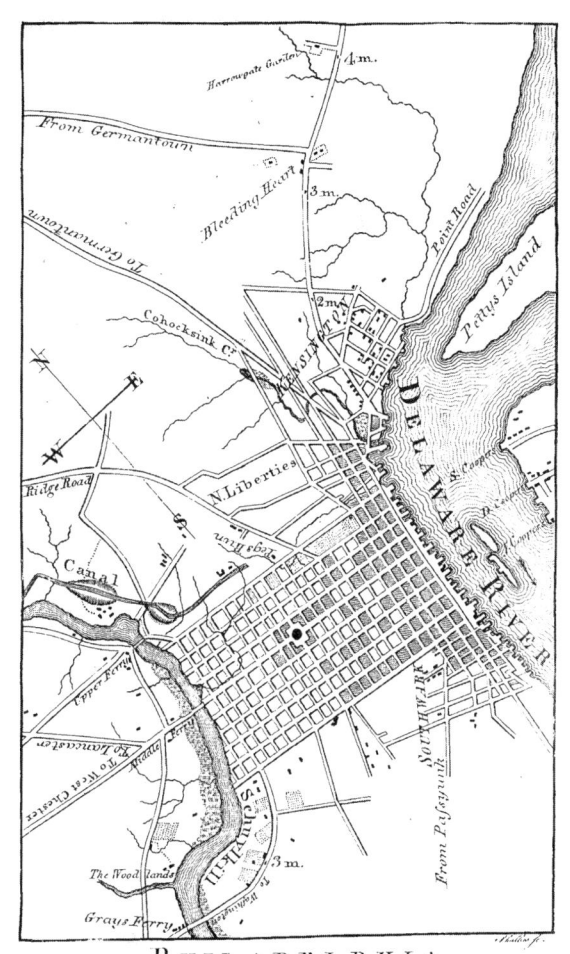

第1節　小麦を入手する

図 1-1　フィラデルフィア

S. S. Moore and T. W. Jones, *The Traveller's Directory; or A Pocket Companion Shewing the Course of the Main Road from Philadelphia to New York and from Philadelphia to Washington* (Philadelphia: Mathew Carey, 1804), Plate 1.

「より納得がいくようにといま一度確認した」うえで,「よくない小麦は買わないようにとのご依頼ゆえ」,買い控えている。だがその後,ボーデンタウンに届いた小麦を計測してみるとライルの報告よりも量が少なかった,とウォルンが注文をつけると,ライルは堪忍袋の緒を切らした。「私は小麦の買い付けに適切な判断ができるとは思っていないこと,お話ししたとおりです」[12]。ウォルンは1784年末までに,ライルを通して小麦を入手するのを止めている。彼が都市に持っていた人脈は,小麦の購入に最適なものだったとはいえないであろう。

　小麦をフィラデルフィアで調達できないとしても,ウォルンは依然として,地元の農民に依存する気はなかった。さらに遠方のヴァージニアで直接買い付けようとも,試みているからである。翌1784年初頭,彼はヴァージニア州ノーフォークに出向くクエーカー商人に頼んで小麦市場の様子を確認させ,また買い付け最高額を示して,買い付けてくれるようにと頼んでいる。だがこのような入手方法の問題は,輸送手段が信頼に足らず,結果として小麦の到着を長い時間待たねばならないことだった。ある商人は3月中旬,ウォルンのために2800ブッシェルの小麦を買い付けた。これは,ヘンリー・ライルから入手した小麦よりも多い量である。だがこの商人からの手紙によると,この小麦を積んだ船舶は1ヶ月以上たってもリッチモンドを出港しておらず,また船長は2250ブッシェル半しか載せない,と言い張った。残りの小麦を運ぶべく他の船と契約したが,船長が「まったくぐうたらで気にかけてくれない」ため,「3週間」よけいに時間がかかることになった。北部の手形での支払いも容易ではなく,輸送費も高くついた。1783～84年前半については,ウォルンは遠隔地から小麦を入手して製粉する計画であったが,これは失敗したと見ていいであろう。1784年後半以降,彼がこの方法で小麦を調達し続けた証拠はない[13]。

---

12) Henry Lisle to RW, October 25, 31（引用）, November 11（引用）, 25（引用）, 1783, RWP.
13) John Hartshorne & Co. to RW, March 17, May 1, 31, 1784, and account with John Hartshorne & Co., May 1, 1784; Hartshorne, Lindley & Co. to RW, May 27, 1784, RWP. ヴァージニアのクエーカー商人は18世紀前半から中部大西洋岸地域より移住したが,フィラデルフィアとの宗教組織上のつながりを維持していた。A. Glenn Crothers, "Quaker Merchants and Slavery in Early National Alexandria: The Ordeal of William Hartshorne,"

2. 地元での小麦買い付け

こうしてヴァージニアの小麦をあきらめたウォルンは，地元の農民から十分な量の小麦を買い付けることにした。彼の製粉所は，地元の農村により密着することとなったのである。表1-1は1783年からの彼の小麦調達について整理し，買い付け総量とウォルンに小麦を売った地元の農民の総人数を示す。さらにそのうちアッパー・フリーホールド・タウンシップの農民について，この表では課税台帳に基づいて，その持っていた土地の規模ごとに分類してある。1783年，86年，88年，89年について，小麦の生育サイクルに基づいて8月1日から翌年7月31日までを1年として計算し，1783年にヘンリー・ライルが買い付けた小麦は地元産でないので除いてある。この表からは，ウォルンが1786年には8198と4分の1ブッシェルと，1783年の2倍弱の量の小麦を買い付けたこと，また売り手の数も77名から154名と倍増していることがわかる。彼の製粉所は地域間の経済ではなく，地元の経済に依存することになったといえる。

表1-1 小麦買い付けのパターン，1783年，1786年，1788年，1789年

	1783年	1786年	1788年	1789年
買い付け量（ブッシェル）	4750 53/60	8198 15/60	1910 12/60	828 32/60
売り手（人数）	77	154	35	22
（土地を持つと確認できる者）				
201エーカー以上	17	35	10	4
151-200	7	17	4	6
101-150	8	9	4	1
51-100	4	11	1	2
1-50	4	7	0	1
家屋持ち	4	7	2	1
独り者	1	1	0	0
その他	0	1	0	0

注：買い付けのシーズンについては注11を参照。1783年分の買い付け量には，ヘンリー・ライルによる買い付け，および（買い付け簿に記載がない）ヴァージニアでの買い付け分は含まれていない。表の最下列にある「その他」に挙げられる1名は，1786年に小麦をウォルンに売った，土地を持っていない地元の商人サミュエル・キーである。

出所：grain purchase books, 1773-1786, 1786-1796, RWP; Upper Freehold Township Tax Ratables 1784, 1786, 1789, microfilm, New Jersey State Archives.

Journal of the Early Republic 25: 1（Spring 2005）: 48, 50.

彼に小麦を売った農民はそれによって市場に関係することになったと考えられるが，彼らはどの程度，こうした取引に特化していただろうか[14]。アッパー・フリーホールド・タウンシップの農民について検討すると，土地を大規模に持つ者が大量に小麦を売ったことがわかる。土地なし農民，また小規模に持つ者が売った小麦は，それに比べれば少量にとどまる。358エーカーの土地を持っていたジョセフ・ホームズは，1783年には306と24/60ブッシェル，1786年には314と21/60ブッシェルの小麦をウォルンに売っている。むろん，大規模に土地を持つ者がすべて，必ずホームズと同程度に安定的に多くの小麦を供給し続けたのではない。400エーカーの土地を持っていたリチャード・ホースフルは1786年には102と37/60ブッシェルと，1783年（22と55/60ブッシェル）の5倍弱の小麦を持ち寄った。450エーカーの土地を持つジェイムズ・ローレンスは1786年には18と36/60ブッシェルしか持参しなかったが，1783年には155と5/60ブッシェルを売っていた。285エーカーを持つウィリアム・ロジャースは1783年には59と50/60ブッシェルをウォルンに売ったが，1786年にはその名は帳簿に載っていない。こうした数字から見て，大規模に土地を持つ者（おそらくは土地の所有者である）の場合，余剰分の作物を市場に出すことは確立していたといえる。だが個人ごと，年ごとの販売量の振幅の大きさから見て，これらの農民が市場向け売却の極大化を目指していたとは考えにくい[15]。

　小規模に土地を持つ農民と土地なし農民も小麦を持ち寄ったが，全体的にその量は少なめで，しかもばらつきがある。1783年，40エーカーの土地を持っていたジョン・ヘンドリクソンは19と46/60ブッシェルを，80エーカーを持っていたルイス・チェンバレンは12と9/60ブッシェルを，それぞれ持ち寄ったが，1786年には彼らの名前は帳簿に見出せない。自分の住まいに暮らしつつ他人の農場で働いていた者（householder，家屋持ち）の事例

---

14) 以下では「土地を持つ」という表現を多く用いる。ニュージャージーの課税台帳では，土地を所有しているのか，借りている（保有）のかが厳密に区別されず，調査の時点で土地を占有していた者の名義で記録されているからである。Wacker and Clemens, *Land Use in Early New Jersey*, 93.

15) この段落と次の段落の記述は，grain purchase books, 1773-1786, 1786-1796, RWPより計算した数値に基づく。

としては，ロバート・スリースは1783年に4ブッシェルを売ったが，同じく家屋持ちのジョセフ・マイアーズは22と46/60ブッシェルを届けている。1786年についても同じパターンが見られ，持ち寄る小麦の量は，人によりさまざまである。ただし1786年にはウォルンの買い付けは近辺に知られていたと見え，全般的に，1人あたりでより多くの小麦が持ち込まれている。持っていた土地が100エーカー未満の農民も，やや多めに小麦を持ち寄っている。25エーカーを持っていたマーカス・パーカーは37と58/60ブッシェルを，また60エーカーを持っていたジョセフ・ギブズも36ブッシェルを持ち込んでいる。家屋持ちのアイザック・シュリーヴは1と59/60ブッシェルと持ち込み量が少ないが，家屋持ちのジョセフ・グローヴァーは24と50/60ブッシェルを売っている。なお，1783年にウォルンに小麦を売った土地なし農民5名のうち，1786年にも小麦を売りに現れた者はない。小規模に土地を持つ農民，また土地を持たない農民にとって，市場への作物売却は恒常的な行為ではなかったといえる。

　その一方で，地元の農民は作物の価格に強い関心を示していた。農民が価格にどの程度敏感だったかは，農村における市場革命をめぐる論争の焦点の1つである。ウォルンとある農民とのやりとりからは，マサチューセッツの事例同様に，農村部にある町での取引価格が，農民の判断に影響を及ぼしていたことがわかる。アッパー・フリーホールド・タウンシップに180エーカーの改良済みの土地を持っていたリチャード・ポッツは，1786年2月にウォルンに50と37/60ブッシェルの小麦を売った。6月20日になってポッツは取引を清算しにウォルンの元を訪れ，1ブッシェルあたり7シリング6ペンスという価格を提示されたが，ブッシェルあたり8シリングが「今現在の相場だ」として断っている。それは紙幣で支払う場合の価格で，その額を用意するには時間がかかる，とウォルンは答えた。次に2人が顔を合わせた際，ポッツはブッシェルあたり8シリングという価格もはねつけた。ポッツ自身によると，ボーデンタウンと同じくデラウェア川に面するニュージャージー州都の「トレントンでは小麦の価格はもっと高いと聞いている」という理由からだった。ポッツは「お金の種類は何でもよいので」ブッシェルあたり8シリング4ペンスでの支払いを求め，払わないなら「告訴する」と口にした。

ウォルンは結局,ブッシェルあたり8シリング4ペンスで支払っている[16]。

だが,地元の人間同士の取引にまでこのような価格へのこだわりが浸透していたようには見えない。ウォルンに1780年代に小麦を売った農民の1人にジョン・アールがいるが,彼がつけていた帳簿を見ると,取引相手ごとに違う価格が記入されており,その価格の変動もそう頻繁ではない。モーゼス・キングは1788年9月17日から1789年6月5日までの間,アールからブッシェルあたり4シリング6ペンスでライ麦を手に入れている。1788年4月15日から1789年1月まで,同じくアールからライ麦を受け取ったサミュエル・アールは,3シリング9ペンスで取引している。ジョン・アールはキングに対するライ麦取引の価格を1790年1月に3シリング9ペンスに引き下げ,その後ほぼ2年間同じ額で取引している。価格も,その上げ下げのタイミングも,一様ではなかった。地元民同士の取引は,地域レベルの市場とやりとりしていたウォルンとの取引とは,別個のものなのである[17]。

ウォルンの事業に関わったのは農民にとどまらない。処理される小麦粉の量を考えれば,その容器の生産も大規模にならざるを得なかった。1785年1月から12月までの1年間に,ウォルンは15名以上の樽職人から,1964個の樽を購入している。642個を作ったエドワード・モリソンが目立つが,彼は決して例外ではない。1790年にはサミュエル・ギャスキルという職人が1樽あたり18ペンスで,1年間に2752個の樽を作った。彼の受け取り相当額は,合計206ポンド8シリングと記載されている。ギャスキルがこの仕事中にウォルンから借りた額を差し引いても,仕事の終了後,彼は36ポンド以上を,フィラデルフィアで商店を営んでいたウォルンの息子ジョセフ名義の手形で受け取っている。農村と都市を移動する職人が大々的な時間を費やして,ウォルンの製粉事業を支えたのである[18]。

地域間の取引で小麦を入手する試みがうまくいかなかったため,ウォルン

---

[16] The deposition of Richard Potts, in *Joseph Lawrence Overseer of the Poor of the Township of Upper Freehold vs. Richard Waln*, item #42150, in State Supreme Court Case Files, New Jersey State Archives; Rothenberg, "The Market and Massachusetts Farmers."

[17] John Earl account book, volume 2, Special Collections and University Archives, Rutgers University Library.

[18] Flour carting record, 1773-1791; rough ledger, 1790-1799, 16, RWP.

は地元で小麦入手の広範なネットワークを築いた。地元農民は地域レベルの市場に余剰分の小麦を出すことに躊躇しなかった。樽職人はこのネットワークの欠くべからざる一要素であった。ウォルンの製粉所は農民が，程度の差はあるものの，地域経済と出会う場所だったのである。

第2節　搬送と販売

1. 搬送ルートの選択

　小麦粉がニューヨークおよびフィラデルフィアにどう流れるかは，ウォルンとその代理人の計算によって決まった。ウォルンの生活・文化的ルーツはフィラデルフィアのほうにあるので，ニューヨークに小麦粉が流れた場合は，そこには彼らの商業的な思惑がより反映されていた，という仮説も立てうる。ここではウォルンの小麦粉などの搬送と販売のあり方を検討し，1780年代の農村からの流通ネットワークに，どれほど拡大と発展の可能性があったかを考える。

　ニュージャージー北部・中部とニューヨークとの間に取引関係が現れ始めたのは，1690年代である。ニューヨークは植民地時代と革命期，商業港としてはフィラデルフィアの後塵を拝していたが，冬場にはこの町には若干の地の利があった。ニューヨーク湾は冬場もめったに流氷に閉ざされず，ニューヨーク市場は1年中取引が行われたのである。フィラデルフィアでは，海への出口であるデラウェア川の河口に流氷がたまるため，冬場は商取引が停滞しがちであった。むろん，ニューヨーク州北部から流れてマンハッタンにて海に注ぐハドソン川も，冬には凍結することがあり，このためにマンハッタンとニューヨーク州の間の取引も停止状態になることがありえた。しかしそのような場合も，ニュージャージーからマンハッタンへの経路は完全に閉ざされることはなく，ニュージャージーだけがニューヨークに小麦を供給できたこともあった。ニューヨーク在住のクエーカー商人を頼りに，ウォルンはより遠いニューヨーク市場にも小麦を送っている[19]。

---

19) Cathy Matson, *Merchants and Empire: Trading in Colonial New York*（Baltimore: Johns

1784年から1786年までのウォルンフォードから両都市市場への搬送のパターンは、ウォルンフォードから何日間にわたって小麦が搬送されたか、またのべ何台の馬車が搬送を担当したかを、月ごとに示した表1-2に見出すことができる。それによると1784年に比べ、1785年と1786年には1日あたり複数の搬送人が搬送を行うことが多く、より多くの搬送が行われたといえる。これは基本的に、取り扱った量が増大したからであろう。1784年の数値が低めなのは、ウォルンフォードでは1783年には小麦もトウモロコシもあまり買い付けなかったことによると思われる（補遺を参照）。他方、搬送ルートについては、3年間を通して、一定の傾向が見出せる。ニューヨークへの搬送は冬場に、サウス・アンボイ、ニュー・ブランズウィック、サウス川の3つの港から行われた。夏と秋の間は、フィラデルフィアへの搬送が一般的であった。どの市場にどの港町を経由して小麦粉を送るかは、季節によってかなり明瞭に変化していた。

　この搬送パターンは、部分的には環境と市場の動向で説明がつく。1784年初めにはデラウェア川が凍結していたため、ボーデンタウンには何も運ばれていない。1785年と1786年には、河川交通がある時期には、1名の御者がしばしば1週間以上、連続してボーデンタウンに運搬した。他方、ニューヨークへの運搬はより短い期間に集中し、多数の御者が動員されている。ニューヨークへの経路の1つであるサウス・アンボイは海に面しているが、ウォルンはここを冬場のみ、しかし集中的に利用している。極端な場合、1785年2月3日にはサウス・アンボイに8台の馬車が向かっており、翌日には9台が動員された。実はこれらの搬送の1日前、ウォルンのニューヨークの代理人が手紙を寄こして、特級小麦粉がニューヨーク貨幣で56シリングとい

Hopkins University Press, 1998), 93-105; Jacob M. Price, "Economic Function and the Growth of American Port Towns in the Eighteenth Century," *Perspectives in American History* 8 (1974): 123-186. デラウェア川の凍結については以下を参照。"Effects of Climate on Navigation, &c.," *Hazard's Register of Pennsylvania* 2: 24 (December 27, 1828): 379-386. ニューヨークでウォルンの代理人を務めた商人のうち最低2名はクエーカーで、ロバート・バウンは3年間、ジェイコブ・シーマンは1年半、彼と取引した。Jacob Seaman to RW, May 29, 1788, RWP, および Crane, ed., *Diary of Elizabeth Drinker*, 2117。ウォルンはその他にウィレット・アンド・アンソニー・ウィークス、またウィリアム・レムゼンとも取引したが、期間は1年に満たない。

図 1-2 19 世紀初頭のニュージャージー中部

Maxine N. Lurie and Peter O. Wacker, eds., *Mapping New Jersey: An Evolving Landscape* (New Brunswick: Rutgers University Press, 2009), 212 を改変。カウンティの境界は 1810 年当時のもの。

表 1-2 ウォルンフォードから送り出し港および都市市場への輸送の状況，1784～1786 年（輸送が行われた日数と馬車の延べ台数）

都市市場	フィラデルフィア	ニューヨーク		
送り出し港	ボーデンタウン	ニュー・ブランズウィック	サウス・アンボイ	サウス川
1784 年				
1 月	輸送なし	2 日，2 台	4 日，7 台	輸送なし
2 月	輸送なし	6 日，6 台	15 日，31 台	輸送なし
3 月	輸送なし	2 日，3 台	2 日，4 台	輸送なし
4 月	1 日，1 台	4 日，5 台	輸送なし	輸送なし
5 月	6 日，6 台	1 日，1 台	輸送なし	輸送なし
6 月	4 日，4 台	輸送なし	輸送なし	輸送なし
7 月	3 日，3 台	2 日，5 台	輸送なし	輸送なし
8 月	2 日，2 台	4 日，9 台	輸送なし	輸送なし
9 月	輸送なし	1 日，1 台	輸送なし	輸送なし
10 月	輸送なし	輸送なし	輸送なし	輸送なし
11 月	4 日，4 台	6 日，7 台	輸送なし	輸送なし
12 月	12 日，14 台	6 日，8 台	3 日，7 台	輸送なし
1785 年				
1 月	2 日，4 台	輸送なし	10 日，38 台	輸送なし
2 月	1 日，2 台	輸送なし	15 日，53 台	1 日，3 台
3 月	7 日，9 台	輸送なし	輸送なし	5 日，14 台
4 月	14 日，25 台	輸送なし	輸送なし	輸送なし
5 月	14 日，18 台	輸送なし	輸送なし	9 日，18 台
6 月	7 日，9 台	輸送なし	輸送なし	14 日，20 台
7 月	18 日，22 台	輸送なし	輸送なし	15 日，27 台
8 月	19 日，26 台	輸送なし	輸送なし	2 日，5 台
9 月	16 日，18 台	輸送なし	輸送なし	9 日，15 台
10 月	23 日，30 台	輸送なし	2 日，2 台	輸送なし
11 月	23 日，30 台	輸送なし	1 日，1 台	輸送なし
12 月	14 日，27 台	輸送なし	10 日，19 台	輸送なし
1786 年				
1 月	2 日，2 台	6 日，7 台	12 日，35 台	5 日，9 台
2 月	11 日，11 台	輸送なし	輸送なし	9 日，29 台
3 月	7 日，7 台	輸送なし	輸送なし	7 日，9 台
4 月	15 日，15 台	2 日，7 台	輸送なし	2 日，3 台
5 月	20 日，22 台	3 日，6 台	輸送なし	輸送なし
6 月	22 日，24 台	輸送なし	輸送なし	輸送なし
7 月	26 日，36 台	輸送なし	輸送なし	輸送なし
8 月	10 日，11 台	2 日，3 台	輸送なし	輸送なし
9 月	16 日，19 台	1 日，1 台	輸送なし	輸送なし

10月	18日, 19台	4日, 5台	輸送なし	輸送なし
11月	4日, 4台	7日, 16台	輸送なし	輸送なし
12月	輸送なし	輸送なし	輸送なし	輸送なし

注：運搬人（carter）が送り出し港まで1日1往復した，という前提で計算。運搬人は1日あたり6～18樽をボーデンタウンに，また6～12樽をニューヨーク向けの送り出し港に運んでいる。
出所：flour carting record, 1773-1791; miscellaneous accounts, 1783-1786, RWP.

う高額で「どんどん」売れているので，小麦粉を「できるかぎり早く」送るように，と求めていた。「ノース川［ハドソン川］とブランズウィック［の輸送路］が開いたら，下落してしまう」のが理由である。このときにはニュー・ブランズウィックは，その接するラリタン川が凍結していたため，流通が止まっていた。サウス・アンボイはニューヨークへの海路が生きていた数少ない港だったのであり，ウォルンにとって，ここからの搬送は文字どおりに，目の前の高値から最大限の利益を引き出そうとする動きであった[20]。

環境の制約に加えて，ニューヨークに至る3つの経路の選択には，さまざまな要素が介在していた。どこから送るのが安くつくかという輸送費をめぐる競争も，なかったわけではない。ニュー・ブランズウィックとサウス・アンボイに加え，ウォルンは1785年2月後半，サウス川に接したスポッツウッドという村に波止場を持っていたサミュエル・ニールソンと契約を結び，第三の経路を確保した。サウス川は，ニュー・ブランズウィックの4マイル下流でラリタン川に注ぐ小河川である。革命前にはウォルンの住む「方面とその周辺からたくさんの仕事があった」ので，それが「復活することを」望んでいたニールソンは，樽1つをニューヨークまで1シリングで運ぶともちかけた。これに対しウォルンは，ニュー・ブランズウィックの運送業者ピーター・テン・アイクが，9ペンス，あるいは6ペンスで運ぶとすら言っている，と返事した。ニールソンはこれに対し，「6ペンスや9ペンスで運ぶといって，［競争相手の立場を］弱めて，自分でやっていける以下で引き受けようというテンアイク［原文は一単語として表記］氏の出方は理解できません」と不快そうな返事を返しているが，結局樽1つにつき9ペンスで運ぶことを約束した[21]。

---

20) William Remsen to RW, February 2, 1785; flour carting record, 1773-1791, RWP.

66　　　　　　　　　　第1章　小麦粉

　だがウォルンは，実は業者を競争させようとしていたのではない。彼が輸送コストだけを考慮して小麦粉を搬送する港町を決めていたとは考えにくいからである。前出のピーター・テン・アイクは，実は特定の小麦粉加工の仕事も手がける仲介業者であった。ウォルンの小麦粉のうち，1784年1月，2月，1786年1月にニュー・ブランズウィックへと搬送されたのは，船舶向けの堅パンにのみ用いられる，籾殻が多く混じった質の低い小麦粉「船もの(ship-stuff)」だけである。テン・アイクはこの地で堅パン焼き釜を営む業者の1人だった。彼がニューヨークに輸送したうち，かなりの部分は，焼き上がった堅パンだったと考えられる。堅パンを焼いて売りに出すまでには2週間かかったため，ニューヨークで一時的に高まっている需要に応えるため，ウォルンフォードから大量の「船もの」を即日9人の御者で運ぶ，ということは現実にはありえなかった。「船もの」の輸送は必ず，1日あたり1名の御者のみがあたっている。ウォルンがテン・アイクと取引したのは輸送費が安かったからであると考えるのは危険であろう[22]。

2. 収益の見込みと市場の選択

　追加の加工をしないかぎり輸送費をかけてニューヨークへ出荷する価値がなかった「船もの」と籾殻を外したうえで，小麦粉とトウモロコシの粗挽き粉がどの港に運ばれたかを調べると，表1-3のようになる。ここからは，ウォルンフォードで製粉されたトウモロコシは，すべてフィラデルフィアに送られたことがわかる。小麦粉は両方の港に送られたが，冬にはほとんどがニューヨークに向かった。夏にはフィラデルフィアに送られる小麦粉もあったが，ニューヨークに送られるほうが多かった。ではトウモロコシはともかく，

---

21) Samuel Neilson to Richard Wall [sic], February 26, 1785; account between Neilson and RW for November 1785-June 1786, RWP.

22) Theophylact Bache to RW, June 20, July 12, 1787; Peter Ten Eyck to RW, July 19, 30, August 9, 1787; Robert Bowne to RW, February 22, March 14, 1787, RWP; Charles B. Kuhlmann, *The Development of Flour-Milling Industry in the United States* (Boston: Houghton-Mifflin, 1929), 17-19. 1786年12月にはニューヨークで堅パン需要が大きかったため，港が凍結したニュー・ブランズウィックからサウス・アンボイまで陸路堅パンを運んではどうかとロバート・バウンはウォルンに提案している。Bowne to RW, December 25, 28, 1786, RWP.

第2節 搬送と販売

表1-3 ウォルンフォードより搬送されたトウモロコシ粗挽き粉と小麦粉，1784～1786年（樽）

	ボーデンタウン		ニューヨーク向け送り出し港 （3港を合計）	
	粗挽き粉	小麦粉	粗挽き粉	小麦粉
1784年				
1月	0	0	0	62
2月	0	0	0	292
3月	0	0	0	36
4月	0	2	0	0
5月	0	72	0	0
6月	0	52	0	0
7月	0	0	0	59
8月	0	16	0	95
9月	0	0	0	16
10月	0	0	0	0
11月	60	0	0	105
12月	91	46	0	147
小計	151	188	0	812
1785年				
1月	32	0	0	310
2月	16	0	0	440
3月	83	0	0	116
4月	146	0	0	0
5月	104	0	0	140
6月	77	0	0	142
7月	238	0	0	241
8月	206	106	0	46
9月	236	10	0	124
10月	376	0	0	139
11月	434	0	0	5
12月	278	0	0	162
小計	2226	116	0	1865
1786年				
1月	20	0	0	384
2月	86	0	0	236
3月	92	0	0	85
4月	208	0	0	73
5月	180	0	0	54
6月	244	101	0	0
7月	249	213	0	0

表 1-3（つづき）

8月	104	23	0	32
9月	232	48	0	0
10月	188	87	0	41
11月	60	0	0	140
12月	0	0	0	0
小計	1663	472	0	1045

注：小麦粉として，特級（superfine），中級（middling），並級（common），末級（tale [tail]）各種の小麦粉を合計した。籾殻（bran）と船もの（ship-stuff）は計算から除外した。
出所：flour carting record, 1773–1791, RWP.

ウォルンは小麦粉の価格差にはどれほど敏感だったのだろうか。冬場は環境的な理由でニューヨーク市場への搬送が中心になったのだとしても，年間を通してフィラデルフィア市場に小麦粉があまり送られなかった理由の説明にはならない。なぜウォルンは小麦粉販売先として，1785年には全体的にニューヨークを選び，1786年にはフィラデルフィアにも多くの小麦を送ったのだろうか。

　フィラデルフィアとニューヨークでの，1785年，1786年の特級小麦粉の価格をまとめたのが表1-4である。小麦粉の価格は通常ニューヨークのほうが高く，冬は特にそうだったことがわかる。ではウォルンはフィラデルフィアの価格が高いときには，そちらに小麦粉を送っただろうか。実は，彼がフィラデルフィアに小麦粉を送ったとき，常にそちらの市場のほうがニューヨークよりも価格が上だった，というわけではない。単純に2つの市場での価格を比較するのではなく，それぞれの市場向けの経費を計算して，価格と照らし合わせることが重要である。特級小麦粉1樽の経費を，小麦・樽・製粉・樽つめ・陸上輸送・水上輸送を考えて計算すると，フィラデルフィアに送る場合は34シリング，ニューヨークの場合は37シリングとなる。ウォルンは港での検査費を分担することになっており，仲介業者は販売価格の2.5パーセントを委託料として請求した。こうした経費もカバーしたうえで利益が出るくらい，販売価格は高くなければならなかった[23]。

---

23) 以下のとおり計算した。小麦と製粉（196ポンド）：28シリング，樽：1シリング6ペンス，樽つめと釘止め：3シリング，陸路搬送：11 1/4ペンス（ボーデンタウン），3シリング9ペンス（ニューヨーク湾側の町），フィラデルフィアあるいはニューヨークへの船上輸送

第2節 搬送と販売

表1-4 特級小麦粉の価格,1785年,1786年

	フィラデルフィア向け				ニューヨーク向け			
	価格		収益見込み (34シリング比)		価格		収益見込み (37シリング比)	
	シリング	ペンス	シリング	ペンス	シリング	ペンス	シリング	ペンス
1785年								
1月	48	0	14	0	52	6	15	6
2月	48	0	14	0	52	6	15	6
3月	46	0	12	0	54	5	17	5
4月	45	0	11	0	46	0	9	0
5月	44	0	10	0	45	0	8	0
6月	45	0	11	0	46	0	9	0
7月	43	6	9	6	46	11	9	11
8月	43	6	9	6	46	11	9	11
9月	43	6	9	6	46	11	9	11
10月	43	0	9	0	47	2	10	2
11月	42	0	8	0	47	3	10	3
12月	41	6	7	6	47	3	10	3
1786年								
1月	40	0	6	0	46	11	9	11
2月	40	0	6	0	45	0	8	0
3月	39	6	5	6	43	2	6	2
4月	36	0	2	0	41	3	4	3
5月	36	6	2	6	38	5	1	5
6月	41	3	7	3	38	0	1	0
7月	42	0	8	0	41	3	4	3
8月	41	0	7	0	43	2	6	2
9月	42	6	8	6	43	2	6	2
10月	43	0	9	0	データなし		データなし	
11月	41	0	7	0	45	0	8	0
12月	39	6	5	6	48	9	11	9

注:ニューヨーク価格はフィラデルフィア価格に合わせて計算し直した数値を掲げた。フィラデルフィア価格の7シリング6ペンスは,ニューヨーク価格で8シリングに相当する。
出所:letters from William Remsen and Robert Bowne to RW in 1785 and 1786; Peter Ten Eick [sic] to RW, September 29, 1786, RWP; *The Complete Counting House Companion*, August 19, 1786; prices current in *Pennsylvania Mercury*, 1785 and 1786 issues.

費:それぞれ6ペンス,9ペンス。RW to Samuel Delaplaine, August 12, 1783, Samuel Delaplaine Papers, New-York Historical Society; bill from Peter Ten Eyck to RW, September 4, 1784; Robert McKean to RW, May 9, 1786; flour carting record, 1792-1833, RWP; William Smith mill account book, William Smith Papers, Special Collections and University Archives, Rutgers University Library.

この数字を踏まえて検討すると，1785 年冬から春には，小麦はいずれの市場に送っても利益が出る価格水準にあった。だが冬場のニューヨーク市場の価格は高く，ウォルンはこちらに小麦を集中的に送っている。しかし，4月には状況が変化していた。4月のニューヨークでの価格はフィラデルフィアに合わせた換算値で 46 シリングで，フィラデルフィアより 1 シリング程度高いが，この月のニューヨークは，3 月の換算値 54 シリング強から価格が急激に落ち込む過程にあり，収益の見込みではフィラデルフィアを下回っていた。ウォルンは 4 月には，いずれの市場にも小麦粉の出荷を控えている。価格の動向の様子を見たものと考えられる。他方，彼は同年 8 月には 106 樽をフィラデルフィアに送っているが，このとき，ニューヨークにも 46 樽を送っている。この 8 月と 9 月には価格はニューヨークのほうが 3 シリング半ほど上だったが，経費と価格を比べると，いずれの市場に送っても予想収益にあまり差がない状態にあった。

また 1786 年 4 月から 10 月にかけては，価格が激しく上下した。フィラデルフィアの価格がニューヨークより 3 シリング 3 ペンス弱高いこと（6 月）もあれば，ニューヨークのほうが 2 シリング 2 ペンス上回ること（8 月）もあった。再計算した経費にかんがみるなら，1786 年 4 月，5 月のフィラデルフィア価格（36 シリング程度），同年 5 月，6 月のニューヨーク価格（換算値 38 シリング程度）はいずれも経費との差額が小さく，これらの市場ではこのとき，樽あたり 1〜2 シリング程度の利益しか出なかったといえる。だがその後，フィラデルフィア側の市場価格のほうが一足早く回復し始め，6 月中に 41 シリング強を記録した。1786 年 6 月，7 月にウォルンがニューヨークへの出荷を控えて，フィラデルフィアにそれぞれ 101 樽，213 樽という大量の小麦粉を送ったのは，低価格期にも，より利益の上がるほうの市場で利益を上げようという配慮の表れと考えられる。ちなみに 1786 年初頭にはニューヨークの代理人が彼の指示からあえて外れて，信頼のおける買い手に 44 シリングで特級小麦粉を売っている。彼が想定していた最低限の収益率は，経費に対して少なくとも 2 割程度であったと考えることができるだろう。最低販売価格を設定すると売り切るまで時間がかかるが，一度送り出した小麦粉についてウォルンができることは，最低販売価格を設定することだけで

あった。まだ送っていない小麦粉については，もう１つの市場へと出すか，出荷を控える他なかった。1785年には価格が下がった後でも小麦粉をニューヨークに送っているが，これは同年前半と中ごろにフィラデルフィアの代理人から，小麦粉が「まったく売れていない」と報告があったことに帰しうる。1780年代中ごろは経済の不振が目立った時期であり，市場が２つあれば，より低調なほうの市場を回避して，もう一方の市場を利用することができたのである[24]。

3. 搬送をめぐるその他の要素

ウォルンと代理人にとって，その他どのようなことが小麦粉の搬送に作用していただろうか。１つの要因は，いつ誰が彼の小麦粉を買うかわからないことである。100樽以上を購入してくれる輸出商人にまとめて売るのが理想的だったが，当然ながら，そういう買い手が小麦粉の到着に合わせて現れるとは限らない。ほとんどの買い手は代理人が保管している小麦粉の質を確かめ，納得すれば信用買いした。海外に大量の小麦粉を近々輸出する予定がある，と買い手が知らせた場合など，特定量の小麦粉を送ってくれないかと代理人がウォルンに尋ねることがあった。だが彼はこうした問い合わせに回答せず，こうした連絡を生かして緊密な供給ネットワークを組み上げることはなかった[25]。

輸送業者の行動も，販売の計画を立ててもそれが乱されうる一因であった。ボーデンタウンからフィラデルフィアへの搬送を請け負っていたロバート・マッキアンは，部下が１樽分を自家用として持ち帰るのを許した。「私の措置がお許しを得られるのであれば，その分，どんな価格をあなたの貸方勘定

---

24) Bowne to RW, April 6, June 1, 1786; Downing and Thomas to RW, March 16, May 11, 1785（引用は後者書簡より），RWP. ウォルンは市場を読み誤ったことも一度ある。1787年１月，彼はロバート・バウンに対し小麦粉を56シリング未満では売らないようにと指示した（ニューヨーク通貨での数字）が，特級小麦粉の価格は２月後半までに46シリングに下落した。Bowne to RW, January 3, 17, February 1, 7, 22, 1787, RWP.

25) Jacob Seaman to RW, September 27, October 4, 11, 1787, RWP. 1785年，ニューヨークの輸出商ラドロウ＆グールドはウォルンの特級小麦粉を300樽，109樽と２度にわたって買い付けている。Accounts between William Remsen and RW, May 21, 1785, and Robert Bowne and RW, August 31, November 9, 1785, RWP.

に記入すべきか，ご教示くださると幸いです」と彼は書簡に書いている。サウス川のサミュエル・ニールソンも，自分用として20樽を持ち出し，自分に請求するようにとウォルンに求めた。彼らは実際の市場価格を支払いさえすれば，本来は都市に送るはずの小麦粉を持ち出しても問題はなく，そのままウォルンと仕事を続けられると考えていたのである。都市市場の代理人が販売先を前もって定めていなかったこともあり，この慣行は問題視されていなかったようである[26]。

　さらに考慮に入れねばならないのは，ウォルンの小麦粉の品質である。ウォルンの小麦粉は1783年と1784年には，小麦粉の検査官から，かびている，粒が粗すぎるなどの判定を受けて，廃棄物品扱いされることがあった。輸出用小麦粉の検査は18世紀前半にフィラデルフィアで始まり，海外で同地の小麦粉が高い評価を受ける一因となっていた。ニューヨークも世紀半ばにこれを導入している。代理人は廃棄物品扱いされた小麦粉を，本来の価格から大幅に割り引いて，製パン業者など地域の買い手に売ることを余儀なくされた[27]。

　質の低い小麦粉を売るのは，競争相手がある場合にはとりわけ難しかった。フィラデルフィアの商人が，市内で小麦粉の荷をまとめてニューヨークまで送ることがあった。加えて，デラウェア州ウィルミントンのブランディワイン川周辺という，有数の小麦粉生産地があった。1790年代初めまでに，発明家として知られるオリヴァー・エヴァンズが設計したものを含めてウィルミントンには13の製粉所があり，さまざまな州をつないで事業を展開していた。小麦はニュージャージー南部，メリーランド東岸，ヴァージニア北部，さらにニューヨークからもウィルミントンに集められ，また各製粉所の生産規模は，ウォルンの製粉所よりもずっと大きかった。独立戦争中の不作の年1779年ですら，ブランディワインの製粉業者トーマス・リーは7533ブッシ

---

26) Robert McKean to RW, July 28, 1786; Neilson's undated account with RW, November 1785-June 1786, RWP.

27) Henry Lisle to RW, October 21, 31, 1783; Willet and Anthy [sic] Weeks to RW, March 6, 17, 1784; Remsen to RW, February 23, 1785, RWP; Arthur L. Jensen, "The Inspection of Exports in Colonial Pennsylvania," *Pennsylvania Magazine of History and Biography* 78: 3 (July 1954): 275-297.

ェルを製粉している。ウォルンが活発に製粉をした1786年の実績である8198と15/60ブッシェルに比べても，これは600ブッシェル強しか下回っていない。1781年には，リーの製粉量は5万6939ブッシェルに急増している。業者の中には船舶を所有し，ウィルミントンから西インド諸島に直接小麦粉を輸出するなど，事業の範囲を拡張する者も現れた。ブランディワイン川の小麦粉が高品質であることは，買い手の間にもよく知られていたのである[28]。

ウォルンの小麦粉搬送を検討すると，彼が価格差に敏感に反応していて，市場の動きに目ざとかったことがわかる。彼は価格の高さと環境的な制約を受けて，主にニューヨークに小麦粉を出荷し，3つの発送港を使い分けた。代理人からの手紙が，販売の価格とペースについて彼に情報を提供し，彼の市場選択に影響を及ぼした。1つの市場で価格が落ち込んで利幅がなくなる恐れが出たり，販売のペースが遅くなったりすると，彼はもう一方の市場に小麦粉を送った。だがこうした努力にもかかわらず，彼は他の製粉所との競争に常に勝利したとは言いがたく，また彼の製粉事業には当て推量的な部分が残り続け，事業の体系化や統合は行われなかった。

第3節　ニュージャージーの小麦栽培の衰退——害虫と地域間競争

1．コムギタマバエと搬送費

地元農民から小麦の供給を受けてウォルンの製粉所は営業を続けていたが，

---

28) Bowne to RW, February 8, 23, March 1, 1786; Willet & Anthy Weeks to RW, July 12, 1783, RWP. フィラデルフィア近郊のロクスボロー・タウンシップでも19世紀初頭にかけて製粉が大規模に営まれ，主要製粉業者は小麦粉の販売にも乗り出していた。Cynthia J. Shelton, *The Mills of Manayunk: Industrialization and Social Conflict in the Philadelphia Region, 1787-1837* (Baltimore: Johns Hopkins University Press, 1986), 76-80. ウィルミントンの製粉については以下を参照。Peter C. Welsh, "The Brandywine Mills: A Chronicle of an Industry, 1762-1816," *Delaware History* 7: 1 (March 1956): 17-36; idem, "Merchants, Millers, and Ocean Ships: The Components of an Early American Industrial Town," ibid., 7: 4 (September 1956): 319-338; Sara Guertler Farris, "Wilmington's Maritime Commerce 1775-1807," ibid., 14: 1 (April 1970): 22-51; Kuhlmann, *Development*, 24-25; Buel, *In Irons*, 17; Hunter, "The Prospect of Independent Americans," 275.

1788年と89年に，いかんともしがたい理由で彼はつまずいてしまう。コムギタマバエ（Hessian fly）が現れたのである。独立戦争中にヨーロッパからの兵士とともに大西洋を渡ったとされるこの小さなハエは，小麦に卵を産み付ける。孵化した幼虫は小麦の茎から栄養分を吸って育ち，成虫になったのち，小麦に産卵して死ぬ。産卵は1年に2回のペースで起こる。このハエに取り付かれた小麦は，穂に実が入る前に倒れてしまうか，実っても，その質量共に大きく悪化する。コムギタマバエは1784年にロング・アイランドとニューヨーク州南部のウェストチェスター・カウンティに現れ，その後数年間で南下し，ペンシルヴェニアにまで広がった。ジェイコブ・ダウニングは1788年9月にフィラデルフィアから，「この町から半径60マイルの範囲で，小麦の収穫は大不作です……農民は畑でショック状態です」と書き送っている[29]。

小麦の不作は，地元の小麦に頼っていたウォルンにとって，大打撃であった。表1-1にあるとおり，1788年にはウォルンの小麦買い付け総量は1786年の4分の1に届かず，翌89年には約10分の1に落ち込んだ。小規模に土地を持つ農民と土地なし農民の名前は，小麦購入帳簿からほとんど完全に消えている。小土地を持つ売り手は1～2名あるが，1788年の50～100エーカーの枠にある1名の売り手は，この時点で持っていた土地が90エーカーに減っていたリチャード・ポッツであり，小規模に土地を持つ農民が市場に積極的に関与し続けていた，と一般化していいかどうかは疑問である。土地を多く持つ農民も，売り手としては，人数，売り渡す小麦の量，共に減少した。ジョセフ・ホームズは78年，79年も小麦を売り続けたが，数年前には300ブッシェル超を持ち込んでいたのに，1788年には104と48/60ブッシェル，89年には31と37/60ブッシェルにとどまった[30]。

---

29) Jacob Downing to RW, July 30, September 6, 1788, RWP. コムギタマバエの被害については，以下を参照。Bowne to RW, July 12, 1784, RWP; *Pennsylvania Gazette*, June 16, 1784, and June 27, 1787; *Pennsylvania Evening Herald*, July 23, 1785, and August 15, 1787; Brooke Hunter, "Creative Destruction: The Forgotten Legacy of the Hessian Fly," in *The Economy of Early America: Historical Perspectives and New Directions*, ed. Cathy Matson (University Park: Pennsylvania State University Press, 2006), 236-262.

30) Grain purchase book, 1786-1796, RWP.

地元での供給が壊滅的に落ち込む中，ウォルンは再び代理人を通じてフィラデルフィアで小麦を入手しようとした。だが，1783年にうまくいかなかったこの方法は今回も成功せず，打開の道は開かなかった。1788年10月，「輸送費，運搬費をかけてもあなたに利益が上がるくらいの低い額では，小麦はまったく入手できずにいます」とジェイコブ・ダウニングは報告している。高い輸送経費がかかると思われたため，ウォルンは買い付け競争に不利だったのが災いしたのである[31]。

2. 製粉所のその後

この逆境ののち，長期的にはウォルンの製粉所はどうなっただろうか。表1-5は，1800年と1801年の輸送の記録を，月ごとにまとめたものである。この表には1780年代から連続する面もある。冬場はニューヨークへ，春から秋にはフィラデルフィアへの輸送が行われている。だが，より際立っているのは変化のほうである。第一に，運ばれる物品の種類が変わったことが上げられる。小麦粉はほんのわずかにまで落ち込み，ライ麦粉が重要な物品となっている。1780年代半ばにはフィラデルフィアにのみ送られていたトウモロコシは，ニューヨークにも送られている。実は，1790年代には小麦の主産地は高南部の諸州に移っていったのである。メリーランドやヴァージニアは，コムギタマバエの到来が北部よりも遅かった分，対策を考える時間があった。それに対しニュージャージーでは，小麦の商業的栽培はほとんど行われなくなっていた[32]。

第二に，製粉の規模も著しく縮小している。1785年には，市場に送られた小麦粉とトウモロコシ粗挽き粉の総量はそれぞれ1981樽，2225樽だったが，1801年にはライ麦粉が560樽，トウモロコシ粗挽き粉が795樽である。ウォルンの製粉所は19世紀中ごろまで操業を続けるが，1780年代半ばに比べれば，その規模はとるにたりないものであった。ニュージャージーの小麦栽培が激減した理由として，同時代人はコムギタマバエの来襲と，土壌の衰

---

31) Downing to Jos Waln, October 23, 1788, RWP.
32) Hunter, "Creative Destruction," 253-256.

表 1-5 ウォルンフォードからの製粉製品の搬送, 1800 年, 1801 年（樽, 穀物の種類ごと）

	フィラデルフィア向け			ニューヨーク向け		
	トウモロコシ粗挽き粉	小麦粉	ライ麦粉	トウモロコシ粗挽き粉	小麦粉	ライ麦粉
1800 年						
1 月	0	0	0	28	0	111
2 月	0	0	0	0	0	14
3 月	0	0	0	0	0	0
4 月	0	0	36	0	0	0
5 月	0	9	120	0	0	0
6 月	36	0	16	0	0	0
7 月	0	0	0	0	0	10
8 月	0	0	0	89	0	231
9 月	0	0	50	0	0	70
10 月	0	0	0	6	0	34
11 月	275	0	9	8	0	0
12 月	0	0	0	96	0	0
小計	311	9	231	227	0	470
1801 年						
1 月	0	0	0	75	0	14
2 月	0	0	0	97	0	55
3 月	0	0	0	14	0	70
4 月	0	0	0	72	0	0
5 月	0	0	0	63	0	44
6 月	0	0	0	0	0	0
7 月	0	0	0	0	0	142
8 月	21	17	46	0	0	36
9 月	0	0	0	8	0	14
10 月	158	0	0	8	0	0
11 月	0	0	7	219	0	114
12 月	0	0	8	60	9	10
小計	179	17	61	616	9	499

注：大樽（one hogshead）での搬送は 2 樽（two barrels）分に換算した。*Laws of the Province of Pennsylvania* (Philadelphia: Andr. Bradford, 1714), 21-23, を参照。
出所：flour carting record, 1792-1833, RWP.

えに言及している。だがウォルンの製粉所に関するかぎり，前述のとおり，小麦の価格差も影響を及ぼしている。ウォルンは地元で，ブッシェルあたり 7 ないし 8 シリングで小麦を買い付けていたが，ヴァージニアの小麦は約 5 シリングであり，なおかつヴァージニアでの小麦買い付けはうまくいかなか

った。またニューヨーク州オルバニー産の小麦は5シリング6ペンスであり，これがニュージャージーに流れ込んできていた。サウス川でウォルンの小麦粉を輸送していたサミュエル・ニールソンは 1787 年に，「オルバニーからより安価に小麦が流入する」ところにある「よい製粉所」に興味がないか，とウォルンに尋ねている。ニュー・ブランズウィックのある商人も，小麦はハドソン川渓谷で買い付けする，「とても大々的な投機の対象物品」になりつつある，と述べている。しかしウォルンの製粉所に関するかぎり，より近いボーデンタウンを経由する小麦の輸送すら高くつく以上，ニューヨーク湾岸からウォルンフォードまで陸上搬送するのは現実的でなく，オルバニーの小麦は助けにならなかった[33]。リチャード・ウォルンは製粉所を息子のニコラスに任せてフィラデルフィアに戻り，商人としての活動を再開する。1800年代の製粉所の操業規模を考えると，これは成功した家族事業の多角化の実例であるとはいえない。ウォルンは西インド交易から退いてインド交易にとりくんだのち，1809 年に死去した[34]。

第4節 結論

　リチャード・ウォルンは自然の制約を利用し，小麦粉を発送する港を選び，より活発なほうの市場を見定め，価格の上昇の波を逃がさないなど，環境と市場の動きに対応して事業を行った。製粉所は地元の農民，樽職人，製粉職人をつないだ。地元の農民同士の取引は別にして，ニュージャージーの農村

---

33) John Rutherfurd, "Notes on the State of New Jersey," *Proceedings of the New Jersey Historical Society* 1: 2 (1868): 81; Bowne to RW, March 10, 1786; Neilson to RW, March 22, 1787; grain purchase books, 1773-1786, 1786-1796, RWP; William Smith mill account book, William Smith Papers; Jacob R. Hardenburgh to Nicholas Low, December 9, 1792, Nicholas Low Papers, Library of Congress. ちなみに 1815 年までに小麦粉取引の中心的都市市場としてフィラデルフィアを抜いたのは，ヴァージニアやメリーランドから小麦を集積することが容易だったボルティモアである。Hunter, "Wheat, War, and the American Economy," 522-526; G. Terry Sharrer, "Flour Milling in the Growth of Baltimore, 1750-1830," *Maryland Historical Magazine* 71: 3 (Fall 1976): 322-333.

34) RW to Nicholas Waln, January 7, 1808, RWP; Charles Lyon Chandler, Marion Brewington, and Edgar P. Richardson, *Philadelphia: Port of History, 1609-1837* (Philadelphia: Philadelphia Maritime Museum, 1976), 76, 114-115.

部には都市市場の影響は強く及んでいたといえる。他方，他地域の業者に比べるならウォルンの操業規模は小さく，また彼の小麦・小麦粉の輸送と販売のネットワークには，統合に向かう兆候がほとんどない。市場を意識した事業でありながら，都市市場向けに利益を極大化することを目的に，関係業務の整理が行われることはなかった。最終的には，彼は小麦の価格差と地域間輸送コストの高さを乗り越えることができず，操業規模を維持拡大できなかった。

　ウォルンは都市の商業で得た資本を農村での製粉につぎ込んだ。しかしニュージャージーという立地では，小麦の買い入れも搬送経費も高くついたので，この事業は，規模のいっそうの拡大や，搬送・販売など隣接分野への展開を進めるための資本を，彼にもたらさなかった。19世紀の市場革命よりも前の時点で，製粉は急速に，遠隔地からの小麦に頼った地域間連結型の産業になりつつあった。コムギタマバエの来襲と，それに伴う小麦栽培の中心地の移動，また他地域の製粉所との競争の中で，ウォルンが地元の小麦に依存していたことは，決定的だったのである[35]。

---

35) なお，ウォルンが石臼をイギリスに注文した史料はあるが，彼の場合，工業よりも土地投機に資金が流れることが多かった。RW to John Warder, February 26, 1786, RW Letterbook（石臼）; Henry Drinker to RW, September 16, 21, 1788（土地），RWP.

第4節 結論

補遺：ウォルンフォードの地元農民からの穀物買い付け，1783～1805年（ブッシェル）

	小　麦	ラ　イ　麦	トウモロコシ
1783年	4750 53/60	0	77 17/60
1784年	9437 15/60	135 17/60	3237 48/60
1785年	10680 21/60	0	9730 45/60
1786年	8198 15/60	0	4776 0/60
1787年	5978 28/60	0	2997 4/60
1788年	1910 12/60	932 2/60	3406 15/60
1789年	828 32/60	5783 35/60	11262 52/60
1790年	3300 24/60	5580 48/60	3434 40/60
1791年	6087 40/60	1505 25/60	6845 20/60
1792年	2281 58/60	1811 22/60	6791 44/60
1793年	2603 11/60	2396 5/60	3629 55/60
1794年	15 3/60	1618 5/60	6010 56/60
1795年	1267 48/60	4725 14/60	1833 1/60
1796年	256 12/60	2805 54/60	2312 35/60
1797年	154 6/60	3289 6/60	4082 7/60
1798年	0	2540 32/60	3573 16/60
1799年	0	3072 38/60	3279 53/60
1800年	0	2725 36/60	3547 2/60
1801年	431 49/60	2462 48/60	2405 20/60
1802年	559 26/60	3572 35/60	2899 42/60
1803年	134 34/60	3130 27/60	2785 33/60
1804年	107 27/60	1358 7/60	2714 14/60
1805年	302 7/60	1832 56/60	214 18/60

注：フィラデルフィアおよびヴァージニアでの買い付け分を除く。買い付けシーズンについては注11を参照。
出所：grain purchase books, 1773-1786, 1786-1796, 1797-1840, RWP.

第 2 章
森林(その 1)——サミュエル・ライトの薪事業に見る農村型事業の輪郭, 1810 年代

「ニューヨークを本拠にして営業する蒸気船は……航行シーズンの8ヵ月間に20万束」の松の薪を「消費する」と,『ナイルズ・ウィークリー・レジスター』は1828年に指摘している。「フィラデルフィア地域の蒸気船」も負けておらず,「シーズンあたり15万束を消費する」。同誌の編集者へゼキア・ナイルズは,続けてこう指摘する。「樹木を蒸気船の燃料として,かくも大々的に[森林を]破壊していると,航行可能な水域から届く土地は,[木が]数年のうちに切り尽くされてしまうだろう」[1]。

発明家ロバート・フルトンとそのパトロンのロバート・R・リヴィングストンは,1807年に蒸気船クレアモント号でハドソン川の遡行を初めてなし遂げると,河口のニューヨークと上流のオルバニーを結ぶ,定期旅客蒸気船便を立ち上げた。彼らは独占権を主張したが,他の者もそれを受け入れるなり挑戦するなりして,中部大西洋地域に蒸気船を走らせた[2]。20年のうちに,これらの汽船を走らせるため,森林が大規模に伐採されていった。18世紀の時点ですでにニューヨークとフィラデルフィア向けに薪を切り出していたニュージャージーは,19世紀には蒸気船向けの薪の供給元となったのである[3]。

1) *Niles' Weekly Register*, 36 (August 2, 1828): 362.
2) Robert Albion, *The Rise of New York Port, 1815-1860* (New York: Scribner's, 1939; reprint, Boston: Northeastern University Press, 1984), 143-165; George Dangerfield, *Chancellor Robert R. Livingston of New York, 1746-1813* (New York: Harcourt, 1960), 403-422; Cynthia Owen Philip, *Robert Fulton: A Biography* (New York: Franklin Watts, 1985); Wheaton J. Lane, *From Indian Trail to Iron Horse: Travel and Transportation in New Jersey, 1620-1860* (Princeton: Princeton University Press, 1939), 173-194.
3) ニュージャージーにおける薪の生産は,蒸気船の燃料需要が高まった19世紀前半に最大になる。Michael Williams, *Americans and Their Forests: A Historical Geography* (Cambridge, Eng.: Cambridge University Press, 1989), 79-80, 83-94, 157-160; Alfred P. Muntz, "The Changing Geography of the New Jersey Woodland, 1600-1900" (Ph.D. diss., University of Wisconsin at Madison, 1959), 135-137; Peter O. Wacker and Paul G. E. Clemens, *Land Use in Early New Jersey: A Historical Geography* (Newark: New Jersey Historical Society, 1995), 69-80; Brendan McConville, *Those Daring Disturbers of the Public Peace: The Struggle for Property and Power in Early New Jersey* (Ithaca: Cornell University Press, 1999), 94-98. Diane Lindstrom, *Economic Development in the Philadelphia Region, 1810-1850* (New York: Columbia University Press, 1978), chapters

第2章 森林(その1)

運河や鉄道と並んで,蒸気船は,19世紀アメリカに市場革命——自家消費を志向する農業社会から,農業が商業主義化し産業的工業も定着して,階級意識が随伴する国民経済への変貌——を促した立役者の一例とされる[4]。人と物資の輸送手段としての蒸気船の役割については,すでに先行研究が多くのことを明らかにしている。だが蒸気船の燃料だった薪の伐採と配送については,研究は多くない。これに着目すると,蒸気船が地元経済に果たした役割を,より具体的に考えることができる。石炭が燃料として一般化するまで,蒸気船は燃料として,特定の長さに切りそろえた薪を大量に消費していた。この需要はニュージャージーの土地所有者に対して,自分の土地に生える樹木から収益を上げる機会をもたらしたが,同時に彼らに要求を突きつけた。地主たちに,薪を定期的に届けることも求めたのである。農村の経済は,周囲の経済の要求に対応することを求められたといえる。つまり薪の生産は農村を舞台とするごく初歩的な資本主義経済活動であり,経済の連関,すなわち1つの事業が起こると,それが必要とする物資を生産する新たな事業が立ち上がる過程の,具体的な一例であった[5]。

19世紀初めの農村資本主義の性格については数多くの研究があり,農村の農民家族が自家消費するための食料・物品生産とは直接関係しない,別の仕事も手がけ始めたのが一大変革であった,という合意がある。研究者はニューイングランドに的を絞って,農村男女が19世紀前半に工場で働き始める,農家の娘が町の靴需要に応じて靴の甲革を縫い合わせる,女性が町の卸商人から請け負って自宅でシュロの帽子を編むなど,農村男女の労働の種類

---

4 and 5 も参照。
4) Charles Sellers, *The Market Revolution: Jacksonian America, 1815-1846* (New York: Oxford University Press, 1991). George Rogers Taylor, *The Transportation Revolution, 1815-1860* (New York: Holt, 1950), も参照。
5) 蒸気船についての歴史研究は,いかに薪が消費されたかについては印象論的な議論が多く,誰が薪を供給したかを論じてはいない。Dorothy Gregg, "The Exploration of the Steamboat: The Case of Colonel John Stevens" (Ph.D. diss., Columbia University, 1951), 247-249, はロバート・フルトンとジョン・スティーヴンスの挙げる数字を参照するにとどまる。Louis C. Hunter, *Steamboats on the Western Rivers: An Economic and Technological History* (Cambridge, Mass.: Harvard University Press, 1949), 264-270, は西部の河川における蒸気船に誰が薪を供給したかをより詳しく論じているが,体系的とはいえない。

が，農場の切り盛り以外に広がり始める瞬間を描き出そうとしてきた[6]。

こうした研究が焦点を合わせているのは，広がってくる市場関係に対する農民の対応である。その分，市場関係を，つまり農場の切り盛りとは異種の仕事を持ち込んでくる事業家たちの姿が明らかではない。結果として，こうした研究の枠組みは市場と農村を理念的に，互いに対立する関係と把握してしまっている。これに対し本章では，ニュージャージーで燃料薪の生産に取り組んだ人々を事業の終焉まで追いかけて，農村における事業活動の特質を抽出するとともに，農村の事業家という，軽んじられてきた集団を考察したい。そして農村在住者が営んだ事業活動は，市場革命論で想定されているよりも，ずっと農村社会に根ざしているとともに，実は脆弱であったと主張する[7]。市場革命論に挑戦してアメリカ社会の親事業家的側面を強調する研究は近年増えているが，それらはしばしば一般化に急で，事業活動の具体的な実情の掘り下げが不足し，また事業活動の脆弱性に触れることはない[8]。共和国初期のニュージャージーはニューヨークとフィラデルフィアに接した農業州であったが，そこには都市経済，さらに地域経済向けの事業に参画しようとする人々もいた。農村に根ざしつつ商業的な事業が芽吹くのに，ふさわ

---

6) Steven Hahn and Jonathan Prude, eds., *The Countryside in the Age of Capitalist Transformation: Essays in the Social History of Rural America* (Chapel Hill: University of North Carolina Press, 1985), chapters 1-4; Christopher Clark, *The Roots of Rural Capitalism: Western Massachusetts, 1780-1860* (Ithaca: Cornell University Press, 1990); Jonathan Prude, *The Coming of an Industrial Order: Town and Factory Life in Rural Massachusetts, 1810-1860* (New York: Cambridge University Press, 1983); Mary H. Blewett, *Men, Women, and Work: Class, Gender, and Protest in the New England Shoe Industry, 1780-1910* (Urbana: University of Illinois Press, 1988), 44-67; Thomas Dublin, *Women at Work: The Transformation of Work and Community in Lowell, Massachusetts, 1826-1860* (New York: Columbia University Press, 1979); Thomas S. Wermuth, "New York Farmers and the Market Revolution: Economic Behavior in the Mid-Hudson Valley, 1780-1830," *Journal of Social History* 32: 1 (Fall 1998): 190-192.

7) 似た立場からの立論に，Donna J. Rilling, "Sylvan Enterprise and Philadelphia Hinterland, 1790-1860," *Pennsylvania History* 67: 2 (Spring 2000): 194-217. がある。以下も参照。François Weil, "Capitalism and Industrialization in New England, 1815-1845," *Journal of American History* 84: 4 (March 1998): 1334-1354.

8) Joyce Appleby, *Inheriting the Revolution: The First Generation of Americans* (Cambridge, Mass.: Harvard University Press, 2000), 56-89; Gordon S. Wood, *The Radicalism of the American Revolution* (New York: Vintage, 1991).

しい場所だったのである。一般化を急がずに個別の事業の強みと弱点をより具体的に追うことで、農村と都市をまたぐ地域経済の一部としての、農村の経済活動を描くことができるであろう。

薪の生産は史料が残りにくいが、本章では史料が残っている1つの薪生産事業を検討し、ニュージャージーが1810年代、蒸気船のもたらした新しい需要をどのように満たそうとしたかを検討する。1814年から1816年にかけて、フィラデルフィア商人でモンマス・カウンティの地主でもあったサミュエル・G・ライトは、フルトンが設計した2隻の蒸気船用に薪を生産した。ライトが残した史料には欠落もあるが、この事業とそれに関わった人々についてその輪郭を描くには十分であり、森林の利用に関する理解を深めさせてくれる[9]。

第1節　蒸気船に関係した都市・農村のエリートたち

1. 蒸気連絡船会社

蒸気船に興味を示したのは、フルトンを資金面で援助したロバート・R・リヴィングストンだけではない。サミュエル・G・ライトに薪の供給を求めたのは、ニューヨーク〜ポーラス・フック（現ジャージー・シティ）間の蒸気船便を運営した、ヨーク・アンド・ジャージー蒸気連絡船会社の面々である。彼らにはリヴィングストンのみならず、この世代全体に共通する特質があった。アメリカ革命中に指導的な地位を担い、19世紀へと生き永らえた世代は、新しい政治制度の確立のみならず、社会の全側面において自分たちが指導者であると自認していたのである。ジェファソンやワシントンは農業

---

[9] 薪の生産は林業自体と異なり、あまり研究されていない。林業に関しては以下3点が有用。William Cronon, *Nature's Metropolis: Chicago and the Great West* (New York: Norton, 1991), 148-201; Thomas R. Cox, *The Lumberman's Frontier: Three Centuries of Land Use, Society, and Change in America's Forest* (Corvallis: Oregon State University Press, 2010); Rilling, "Sylvan Enterprise and the Philadelphia Hinterland." 薪については、Arthur H. Cole, "The Mystery of Fuel Wood Marketing in the United States," *Business History Review* 44: 3 (Autumn 1970): 339-359; Thomas Doerflinger, "Rural Capitalism in Iron Country: Staffing a Forest Factory, 1808-1815," *William and Mary Quarterly* 59: 1 (January 2002): 3-38, 特に18-19を参照。

改良に取り組み、また頭の中では内陸開発を容認していたが、こうした姿勢の表れといえる。1790年代以降、政治に選挙が導入されて政治社会に参画する者が増えた後も、彼らは蒸気船の開発からメリノ羊の導入まで、目につく取り組みを先導しては、自分たちはリーダーであると主張し続けたのである[10]。

ヨーク・アンド・ジャージー蒸気連絡船会社は、ニュージャージー州のニューヨーク近接部を開発しようという数多くの試みの1つで、1812年7月に創業、1814年にニューヨーク州法に基づいて法人格を認可されている。この企業につながる動きは1804年までさかのぼる。この年、元ニューヨーク市長リチャード・ヴァリック、元ニュージャージー州知事ジョセフ・ブルームフィールドを含むニューヨークとニュージャージーの在住者たちが、ジャージー・アソシエイツ（Jersey Associates）を立ち上げて、ポーラス・フックの地主コーネリウス・ヴァン・ホーストから地権を購入したのである[11]。ポーラス・フックの当該地に蒸気船造船所を設けていたフルトンは、この団体の著名な後援者であり、1812年と13年に、この蒸気連絡船会社のために「ジャージー」と「ヨーク」という2隻の蒸気船を建造した。新聞記事によれば、2隻の蒸気船はニューヨークとポーラス・フックを15分で結

---

10) Wood, *The Radicalism of the American Revolution*; John Lauritz Larson, *Internal Improvement: National Public Works and the Promise of Popular Government in the Early United States* (Chapel Hill: University of North Carolina Press, 2001), 9-63; Joyce Appleby, *Capitalism and a New Social Order: The Republican Visions of the 1790s* (New York: New York University Press, 1984); Appleby, *Inheriting the Revolution*, 26-55; Dangerfield, *Livingston*, 423-438; John F. Kasson, *Civilizing the Machine: Technology and Republican Values, 1776-1900* (New York: Penguin Books, 1977), 3-51. メリノ熱についてはPercy Bidwell and John Falconer, *History of Agriculture in the Northern United States, 1620-1860* (Washington, D.C.: Carnegie Institution Press, 1925; reprint, New York: Peter Smith, 1941), 217-220; Tamara Plakins Thornton, *Cultivating Gentlemen: The Meaning of Country Life among the Boston Elites, 1785-1860* (New Haven: Yale University Press, 1989), 92-95 を参照。

11) Copy of the report of the committee to review the petition presented by the Jersey Associates, New-York Historical Society; John G. Rommel, "Richard Varick: New York Aristocrat" (Ph.D. diss., Columbia University, 1966), 210-236; Charles H. Winfield, *A Monograph on the Founding of Jersey City* (New York: The Caxton Press, 1891); Daniel Van Winkle, ed., *History of Municipalities of Hudson County, New Jersey 1630-1923*, 3 vols. (New York: Lewis Historical Publishing Co., 1924), 1: 91-96.

び，30分間隔で運行された。蒸気連絡船会社の設立者たちはハドソン川の両岸に在住していた。マンハッタンにはフルトンの弁護士でニューヨーク市長のカドワラダー・D・コールデンがおり，ニュージャージー側の町ニューアークには，ジョン・N・カミング，エリシャ・ブディノー，ジョン・P・デュランドがいた[12]。

2. ニューアークとその有力者たち

ニューイングランドからの移住者によって1666年に立ち上げられた町ニューアークは，ニューヨークからわずか9マイルのところに位置する。この町はフィラデルフィアへの定期馬車のルート上にあり，1810年代には靴の生産も盛んで，富み栄える潜在性は十分にあったが，ニューヨークに向かう連絡が良好とはいえなかった。序章でも述べたとおり，ニューアークとポーラス・フックの間はパセイックとハッケンサックという2つの川が注いで湿地帯になっており，マンハッタンの対岸に出る道路を整備するのが困難だったのである[13]。

蒸気連絡船会社の理事だったジョン・N・カミング（1751～1821年）は，

---

12) H. W. Dickinson, *Robert Futon: Engineer and Artist, His Life and Works* (New York: John Lane Company, 1917), 326-327; Brian J. Cudahy, *Over and Back: The History of Ferryboats in New York Harbor* (New York: Fordham University Press, 1990), chapter 1. ヨーク・アンド・ジャージー蒸気連絡船会社に関して，ロバート・リヴィングストンはすべての権利をフルトンに譲っている。Memorandum on Jersey City-New York City Ferry, February 28, 1811, microfilm reel 11, Robert R. Livingston Papers, New-York Historical Society. この会社の設立については以下を参照。*Laws of the State of New York, Passed at the Thirty-six, Thirty-seventh, and Thirty-eighth Sessions of the Legislature Commencing November 1812, and Ending April 1815* (Albany: Webster and Skinnas, 1815), 52-54; *Centinel of Freedom*, July 21, 1812; Lane, *From Indian Trail to Iron Horse*, 184; Philip, *Fulton*, 277-279, 286, 293.

13) 1810年の工業センサスによると，ニューアークの位置するエセックス・カウンティは同年，32万4775足の靴を生産している。Tench Coxe, *A Statement of the Arts and Manufactures of the United States of America, for the Year 1810* (Philadelphia: A. Cornman, Junr., 1814; reprint, New York: Norman Ross Publishing, 1990), 42. ニューアークとポーラス・フックへの道については序章の注8に挙げた文献に加え，以下も参照。Médéric-Louis-Elie Moreau de St. Méry, *Moreau de St. Méry's American Journey*, trans. Kenneth Roberts and Anna M. Roberts (New York: Doubleday, 1947), 113-114; Frank J. Urquhart, *A History of the City of Newark, New Jersey: Embracing Practically Two and a Half Centuries, 1666-1913*, 3 vols. (New York: Lewis Publishing Co., 1913), 1: 369-394.

ニューヨーク～ニューアーク間の交通を改善しようという,固い決意をもっていた。プリンストン大出身で独立戦争中には大陸軍で士官を務めた彼は,ニューアークに住み着くと一生を地域の振興にささげた。ヨーク・アンド・ジャージー蒸気連絡船会社は,彼の数多くの取り組みの1つにすぎない。彼はジャージー・アソシエイツの役員であったし,1790年代にはニューアーク～ポーラス・フック間の連絡路を管理するターンパイク会社と橋梁会社とに投資し,経営を手がけた。同時期,彼はアレクサンダー・ハミルトンが州内パターソンにて鳴り物入りで始めた有益製造業設立協会(SUM)の中心人物の1人でもあり,この協会の株式を購入したのみならず,事務担当・理事として,協会が破綻するまでを見届けた。1800年代にはニュージャージー州を測量して地図を作成する計画を公表したが,資金不足で挫折している。後には,同州では初めて(1804年)法人格を受けることになるニューアーク銀行保険会社の理事および社長を務めた。彼はニューアーク導水路会社も運営している[14]。

　開発と振興を推進したのはカミング1人ではない。ニュージャージー州最高裁判所判事で,ヨーク・アンド・ジャージー蒸気連絡船会社の理事でもあったエリシャ・ブディノーも積極的であった。蒸気連絡船会社が連絡船の運行権を得られるよう,ニューヨーク市議会に働きかけたのは彼だった。その他,彼は1790年代にはSUMに深く関与し,またニューアーク銀行保険会社の理事と社長も務めている。蒸気船会社の第三の理事ジョン・P・デュランドも,ニューアーク銀行保険会社の理事であった。加えて彼はロバート・R・リヴィングストンから純血のメリノ羊を2頭入手し,これを繁殖させる

---

14) カミングの諸活動については以下による。Richard Harrison, ed., *Princetonians, 1769-1775: A Biographical Dictionary* (Princeton: Princeton University Press, 1980), 370-375; Urquhart, *A History of the City of Newark*, 1: 365-366, 385; 2: 610-611. Copy of the report of the committee to review the petition presented by the Jersey Associates, New-York Historical Society; *The Laws of the State of New Jersey* (Trenton: James J. Wilson, 1804), 367-377, 419-431; Wheaton J. Lane, "The Turnpike Movement in New Jersey," *Proceedings of New Jersey Historical Society* 54: 1 (January 1936): 25-26, 39; Newark Turnpike Company Ledger, 1805-1809, New Jersey Historical Society; Joseph Stancliff Davis, *Essays in the History of American Corporations*, vol. 1 (Cambridge, Mass.: Harvard University Press, 1917; reprint, New York: Russell and Russell, 1965); *The Guardian, or New Brunswick Advertiser*, September 24, and December 3, 1800.

ための場所として，ニューアーク近郊に農場を購入した。1810年，地元紙『センティネル・オヴ・フリーダム』は彼の取り組みを詳しく報道し，「当州においてはこの種の農場は初のものと信じる。他の人々をしてこの重要な動物の繁殖に取り組ませることになることは，疑いを容れない」とコメントしている。1812年，デュランドは50頭の雄羊をニューアークで販売すると広告し，またジェニー紡績機4台，織機8台の織物機械を備えた羊毛織物工場も建てている。ちなみに，カミングもメリノ羊販売の広告を出している[15]。

　カミング，ブディノー，デュランドはいずれも地元では著名人であり，彼らのニューアークおよび周辺部の開発・振興の取り組みは，交通から銀行，製造業，さらには農業にも及んだ。リヴィングストンのような高い地位にあったとはいえないが，彼らも最新の開発・振興策を手がけたエリートであり，自分たちの試みを，市や州の議会で認可させるだけの手腕をもっていた。都市近接の農村部で事業活動が起こるための環境は，彼らが整えたのである。

第2節　人的ネットワークとサミュエル・G・ライト

　蒸気船会社の首脳たちは，蒸気船用の燃料薪を，サミュエル・G・ライト（1781～1845年）から入手することにした。ライトはニュージャージー州バーリントン・カウンティの商店主の息子で，フィラデルフィアで商店を営むと同時に，ニュージャージー州モンマス・カウンティのアッパー・フリーホールド・タウンシップにあるアレンタウン付近に農場を持ち，生活の場とした。彼は近辺の農場複数を購入した他，州内の他地域，ペンシルヴェニア，デラウェア，ニューヨーク州北部，そしてイリノイにも土地を買っている。ライトはブディノーやカミングよりはずっと後の生まれで，家系的に彼らと

---

15)　ブディノーの諸活動については以下による。Urquhart, *A History of the City of Newark*, 2: 603-610; Boudinot to the Council of Safety of the State of New Jersey, February 25, 1778, Boudinot Family Papers, New-York Historical Society; *Minutes of the Common Council of New York City, 1784-1831*, 19 vols. (New York: The City of New York, 1917), 6: 592; Newark Turnpike Company Ledger, 30, 53. デュランドについては以下の新聞記事を参照した。*Centinel of Freedom*, April 10, 1810, July 7, August 25, 1812; May 25, August 10, October 26, 1813; June 7, October 4, 11, 1814; July 17, 1815. 引用は1810年4月10日付より。カミングが出した羊販売の広告は ibid., December 22, 1812, に掲載。

直接つながる縁はなかった。だがその農場の様子から判断して，両者に世代間の差異はあまりない。たとえば，ライトは彼らに劣らず，メリノ羊に強い関心を寄せた。彼はデラウェア州のE・I・デュポンと手を組んで，メリノ種の雌羊18頭と雄羊2頭をヨーロッパから取り寄せ，羊が混血にならないよう「大変に気を」使った。1812年12月，彼の羊の群れは64頭の純血種のメリノ羊を数え，それは1820年には200頭に増えていた。彼は自分の農場を「メリノ・ヒル」と名付けている[16]。

　蒸気船用に薪を切り出す場所は，ミドルセックス・カウンティのサウス・アンボイ・タウンシップにあった。ラリタン川とそれに注ぐ支流のアララト川に接した，470エーカーの土地である。サウス・アンボイ・タウンシップは，ニューヨークからの距離で考えた場合，林業を営むのが最もふさわしいとされる地域に入る[17]。土壌的には沼沢地で本格的農業には向いておらず，土地の多くは，木々が茂ったまま切り開かれていなかった。この地の港町サウス・アンボイは，ラリタン川を挟んで，同州の植民地時代の首都パース・アンボイと向き合う位置にある。フィラデルフィアから来たある旅人はサウス・アンボイについて，「この町の名前が通っていることからして……かなりの規模の町なのだろうと」考えていたが，来てみると酒場が1軒あるだけだった，と記している。それでもこの港は海に面していて，ハドソン川の港町やラリタン川沿いのニュー・ブランズウィックとは異なり，凍結しないため，ニューヨークへの積出港として重要だった。冬場には，近辺の町や村の商人や製粉業者は物資を，また地元の商人は薪を，この港を利用してニューヨークに送った。したがってこの土地（以下アララトと略記）は，蒸気船会社が燃料薪の安定的な提供を期待できる場所だったといえる[18]。

---

16) 1810年代の蒸気船設計者は，薪の購入が蒸気船運航のコストの40パーセントを占めると推計している。Gregg, "The Exploration of the Steamboat," 247-249. サミュエル・G・ライト（以下SGW）について，SGW ledger 1811-1822, 34-37, 37（引用），Wright Family Papers, Hagley Museum and Library（以下WFP）。デュポンと羊について，Carroll Pursell, "E. I. Dupont and the Merino Mania in Delaware, 1805-1815," *Agricultural History* 36: 2（April 1962): 91-100, を参照。メリノ・ヒル農場を構える以前のライトの経歴については，史料が少なく不明である。

17) Wacker and Clemens, *Land Use*, 48.

18) Indenture between Samuel G. Wright and Sara Wright, and [blank], December 28, 1819,

第2節 人的ネットワークとサミュエル・G・ライト　　91

　この土地はモンマス・カウンティの弁護士ロバート・モンゴメリーが所有していた。ライトがこの土地に興味をもった直接の理由は明らかではないが，モンゴメリーの住まいはライトの農場の近くの町アレンタウンにあったので，おそらく彼とライトとは関係をもつようになったのだろう。この関係が，彼を燃料薪事業へと導くのである[19]。

　モンゴメリーは知り合いにこの土地の購入をもちかけていたと見え，ライトに加え，モンマス・カウンティで弁護士を営んでいたジョナサン・レイも，この土地を買う意向を示していた。レイはニュージャージー州最高裁判所の書記で，かつトレントン銀行会社（州内2番目設立の銀行）の理事であった。ライトとモンマス・カウンティの商人ロバート・マッキアンがエーカーあたり30ドルでこの土地を購入すると，レイは自分を共同所有者とするようライトに働きかけ，マッキアンは手を引いている。ライトとレイはこの共同所有関係を，アララト会社と名付けた[20]。

　そして，レイの人脈が蒸気船会社とライトを結びつけるのである。レイもジョン・N・カミング同様に，大陸軍に従軍した経験があり，2人はともにニュージャージーのシンシナティ協会の重要メンバーになっている。カミン

WFP; Wacker and Clemens, *Land Use*, 47-50, 72-73, 210; W. Woodford Clayton, ed., *History of Union and Middlesex Counties, New Jersey* (Philadelphia: Everts & Peck, 1882), 822, 825; William Dalton, *Travels in the United States of America and Part of Upper Canada* (Appleby: R. Bateman, 1821), 67-68. サウス・アンボイ・タウンシップの課税台帳は上半分，下半分の2つに分かれている。両区域の課税対象者の数と改良ずみの土地，未改良地は以下の表のとおり。上半分のほうが改良が進んでおり，未改良の森林を保有する者は少なかったが，森林がなかったわけではない。下半分は課税対象者が少なく，なかには地元在住ではない者も含まれる。森林が私有地の中でも目立つ。

	課税対象者	改良ずみ（エーカー）	未改良（エーカー）
上半分	368	25182	683
下半分	284	18384	6303

出所：New Jersey Tax Ratables for South Amboy Township for 1810, New Jersey State Archives, Department of State, Trenton, N. J.（microfilm），より著者作成。

19) Clayton, ed., *History of Union and Middlesex Counties*, 825.
20) Copy of deed, Robert Montgomery and Samuel G. Wright and Robert McKean, August 7, 1813, and McKean's note of withdrawal, September 18, 1813, WFP; Jonathan Rhea to Robert Montgomery, August 28, 1813, General Manuscripts Miscellaneous Collection, Manuscripts Division, Rare Books and Special Collections, Princeton University Library; Bruce H. French, *Banking and Insurance in New Jersey: A History* (Princeton: D. Van Nostrand Company, 1965), 23.

グが1800年に手がけようとした地図作成の試みにはレイも関与したし，2人はともにジャージー・アソシエイツの役員だった（ただし，レイの関与は名目的なレベルを超えなかったようである）。レイはその後1815年に死去するが，カミングは彼の遺産の整理執行人の1人になっている[21]。蒸気船会社の理事エリシャ・ブディノーはライトと面会したのち，レイに手紙を書き，彼の立ち居振舞いは「信用を醸成するに」ふさわしいものだった，と評している。だがブディノーは振舞い方だけでライトに好印象をもったわけではない。彼はレイに，「あなたと関係をもっているのだから，ライト氏がジェントルマンであること，私は疑いをもちません」と書いているのである[22]。

第3節　森の中の薪事業

1. 事業の開始とライトの農場労働力

ライトは，町や都市に在住する名声ある人物とつながりをつくるのみならず，薪を用意するために労働力も確保せねばならなかった。いかなる資本主義的な事業においても，労働力の確保は重要である。ライトが雇う伐採夫は地元の農民か，それとも外からやってくるのか。地元の住民はどれだけライトのために働くのか。これらの問題を検討すれば，商業的事業は地元経済の余力で成り立ちえたのか，それとも外部から資源を持ち込んだのか，明らかになるだろう。この事業は1813年から1816年まで行われたが，以下本節は，労働力の利用について詳しい検討が可能な，1813年10月から1814年1月までの4ヵ月に議論を絞る。

---

[21]　William S. Stryker, comp., *Official Register of the Officers and Men of New Jersey in the Revolutionary War* (Trenton: Wm. T. Nicholson & Co., 1872), 66, 92; notice in *The Guardian, or New Brunswick Advertiser*, September 24, December 3, 1800. 9月の広告は *Centinel of Freedom*, September 16, 1800, にも掲載されている。モンゴメリーとレイの以前のやりとりはJonathan Rhea to Robert Montgomery, September 16, 1799, Montgomery Family Papers, New Jersey Historical Society である。レイの遺言については *New Jersey Archives* 1st ser., 42 (1949), 351 に要旨がある。Pierre Gervais, *Les origines de la révolution industrielle aux États-Unis: Entre économie marchande et capitalisme industriel 1800-1850* (Paris: Éditions de l'École des Hautes Études en Sciences Sociales, 2004), 82-83 も参照。

[22]　Elisha Boudinot to Jonathan Rhea and Garret D. Wall, April 29, 1814, WFP.

第3節　森の中の薪事業　　　　　　　　　　　　　93

　ヨーク・アンド・ジャージー蒸気連絡船会社とライトは，1813年9月11日に契約を交わした。ライトとレイは1814年1月1日から1年間でオークの薪150束，松（オークよりも火がつけやすく，出る熱量も多い）の薪2400束を準備して，サウス・アンボイの船着場に運ぶことを約束した。契約書は薪束のサイズを定めていないが，おそらくは通常のそれ，つまり縦8フィート，横4フィート，高さ4フィートで128立方フィートであったと思われる。蒸気船会社がサウス・アンボイに船を寄こして，薪を引き取ることになっていた。アララト会社は，ニューアークから9マイルのところにある町ベルヴィルで火薬を製造していた，バラス・デカター・アンド・ラッカーという業者とも，1814年1月1日から1年間でオーク300束を準備する，という契約をした。彼らも船を送って薪を引き取ると約束した[23]。

　ライトとレイの間の契約書は残っていないが，2人の間に役割分担があったことは明らかである。ライトはのちに，「レイ大佐は［土地］購入の資金を一切出さなかった，それゆえ［土地の］地権は一切持っていなかった」と述べている。ジョナサン・レイは蒸気船会社首脳との連絡を引き受け，蒸気船会社の首脳からの連絡と苦情は，レイの存命中はすべてレイ宛てになっている。事業開始当初，レイは経費を少し払い，アララトで仕事をする労働者向けにトレントンで物資を多少買い付けた。だが実質的には，レイが買った分を含めて，物資はすべてモンマス・カウンティ西部にあるライトの農場から運ばれるか，ライト名義で地元商人が提供するかであった。レイがアララトの土地に労働のために送ったのはアフリカ系アメリカ人「ロビン」ただ1名であり，彼は1813年11月にはアララトにいたが，何の作業をしたかは不明である[24]。

　ライトは伐採と薪束作りを行わせる担当で，その際，仕事内容に応じて2

---

23) Agreement between Samuel G. Wright and Jonathan Rhea and John N. Cumming, September 11, 1813, and agreement between Samuel G. Wright and Jonathan Rhea and Ballus, Decatur, and John A. Rucker, October 26, 1813, WFP; *Centinel of Freedom*, October 1, 1811; Aaron Ogden to [unknown addressee], September 28, 1818, Decatur Family Papers, New-York Historical Society.

24) Memoranda on the settlement of Arrarat Company, undated; Jonathan Rhea to SGW, September 21, 1813; General Farm Account 1813-1814, 21, 22, WFP.

種類の労働力を利用した。第一に、1813年10月にアララトの土地を整理する作業と運搬の仕事には、彼は自分のメリノ・ヒル農場に働く労働者を利用した。第二に1813年10月以降の木々の伐採には、彼は地域外から伐採夫を連れてきて作業させるとともに、補助的にアララト周辺の地元農民を雇用したのである。以下、この2つのグループを順に検討し、農場と事業がどの程度別個のものとされていたかを考察しよう。

　1813年10月2日、ライトはアララトに住んでいたトーマス・ロットに、どこから伐採すべきか教えるよう求めている。ロットはその土地から自家用に木を切る権利を持っていたが、最終的にライトは1814年4月1日までの期間分、その権利を買い取った[25]。アララトにはすでに製材の設備があったので、ライトの労働者たちはこれを修繕する作業にかかる。ライトはロットの栽培していたジャガイモを買い取って数名の伐採夫に取り除かせるとともに、製材水力用のダムと船着場、製材所の建物、加えておそらくは伐採夫の寝泊まり用の家屋を修繕させた。その際、興味深いことに、ライト自身がメリノ・ヒルに所有する荷馬車、荷車、牛、馬が、材木や土などの建築資材を運んでいる。10月には牛が引く荷車は16日間、荷馬車は21日間、アララトで作業にあたった。牛は11月にもアララトで使われ、メリノ・ヒルへと帰路に就いたのは11月30日だった。それまでの間、アララトで御者が働く経費はライトが負担している。荷車は11月には6日間アララトで使用された。この点、薪事業は農場から切り離されていないといえる[26]。

　ライトが燃料薪事業と日々の農場労働をどれほど別個のものと考えていたか、メリノ・ヒルおよびアララトでの労働者の雇用条件から検討してみよう。メリノ・ヒルからは少数の農場労働者が短期的な仕事でアララトに派遣されたが、彼らは通常は伐採をしなかった。彼らの雇用と仕事の種類を確認すると、それがメリノ・ヒル農場での雇用条件を、ひいては地域の農業労働関係の雇用のあり方を踏まえていることがわかる。中部大西洋岸の農場は期限を限ってたくさんの土地なしの農民を雇い、働かせていたことが知られており、

---

25) Agreement between Montgomery and Wright and McKean, and General Farm Account 1813-1814, 1, WFP.
26) General Farm Account 1813-1814, 21, WFP.

一時的な雇用そのものはニュージャージーでも珍しくない。隣のペンシルヴェニア州では，必要に応じて主に通年で雇われる土地なし農民は小屋住み農（cottager）と呼ばれ，19世紀初頭には彼らはタウンシップあたりの人口の3分の1を占めるほどであった。彼らは具体的な賃金を示され，住み込みだったり，その他の特典を受けたりして，土地を持つ農民の農場で働いた。他に，年単位で農場を借り受けするテナントと呼ばれる借地農がいた。研究者ポール・クレメンスは，ニュージャージーにも似たような待遇で労働した人々がいて，この時代の労働力の重要な一部分であったと述べている[27]。

アララトで監督の仕事を引き受けたのは，ランドール・ロビンズである。彼はモンマス・カウンティでライトの所有する農場を1つ分益借りしていて，信頼が厚かった[28]。そしてアララトの建物の修繕に，ライトはウィリアム・オグボーンを派遣した。オグボーンは大工で，メリノ・ヒル農場では納屋を建てた他，7月に刈り入れと禾配(かはい)を手伝っている。ライトは彼（大工仕事の場合にはその助手も含める）を1日単位で雇用し，仕事の種類に応じて支払い方を変えている。アララトではオグボーンは，1813年10月および1814年1月に，製材所を日給1ドルで修繕している。彼のアララトへの関与はこの重要な仕事に限られ，短かった。製材所が出来上がると，彼はアッパー・フリーホールド・タウンシップに戻っている。ただしのちに彼はアララトへの物資運搬の仕事もしている[29]。

---

27) Lucy Simler, "The Landless Worker: An Index of Economic and Social Change in Chester County, Pennsylvania, 1750-1820," *Pennsylvania Magazine of History and Biography* 114: 2 (April 1990): 163-199; Paul G. E. Clemens and Lucy Simler, "Rural Labor and Farm Household in Chester County, Pennsylvania, 1750-1820," in *Work and Labor in Early America*, ed. Stephen Innes (Chapel Hill: University of North Carolina Press, 1988), 106-143; Wacker and Clemens, *Land Use*, 1-33.

28) 1810年にロビンズは年200ドルで通年ライトのために働いているが，他のほとんどの者は年100ドルか月9ドルで雇われている。1813年4月には彼はライトの農場を分益借りの形で借り受け，作物栽培をしている。彼とライトは，農場で取れた作物の販売の収益は両者で等分に折半する，と定めた。Farm Account 1809-June 23, 1810; SGW Ledger 1811-1822, WFP.

29) たとえば1813年7月にオグボーンは，メリノ・ヒル農場でライ麦の禾配をして1ドル50セント，カラスムギの禾配で1ドル25セント，干し草作りで1ドルを得ている。大工仕事への支払いは1日あたり6シリングである。1814年7月と15年7月には，彼は月あたり12ドルないし12ドル50セントで雇われている。7月の雇用は手形で支払われ，大工仕事の支

ライトがこの事業に貸し付けした物資，労働力の一覧からは，メリノ・ヒルで雇われていたルイス・プライス，アイザック・ヴィンセント，ジェイムズ・チェンバレンの3名が，ライトの農場からアララトまで，牛肉や豚肉などの物資を運搬する仕事をしたことがわかる。プライスは1813年12月15日にアララトへの運搬を行った。彼はメリノ・ヒルでは信頼の厚い労働者だったようだが，同農場での彼の雇用の条件は，時とともに変わっている。1810年と1812年，ライトは彼を年給100ドルで通年雇用し，ライトの牧草地で牛に草を食ませる権利も与えた。だが1813年3月26日には，彼は月給10ドルで月雇いになっている。この契約を5月7日に切り上げたのち，彼は収穫の際に1日単位で日雇いされている。アララトに物資の運搬をしていた1813年12月には，メリノ・ヒル農場の帳簿には彼が雇われていた確実な記録はないが，アララト会社の経費支出記録にも彼の名前はない。ライトは彼をアララト会社に別個に雇われた扱いにはしていないのである[30]。

1813年12月27日と翌年1月3日に運搬をしているのが，アイザック・ヴィンセントである。帳簿では「黒人アイザック」と記載されているこの人物は，研究者グレアム・ラッセル・ホッジズによれば，ミドルセックス・カウンティ西部在住のアフリカ系アメリカ人である。彼は1811年，ライトに特権つき90ドル，あるいは特権なし120ドルで通年雇用されている。翌12年と13年も，条件は多少変化したものの，彼はやはり通年雇用された。1814年7月10日にメリノ・ヒル農場で豚を殺した際，ヴィンセントが「酒を飲まなかった」として1ドル37セント半が貸方に記載されており，ライトが彼を信頼していたことは疑う余地がない。1813年12月25日，アララトにいたロビンズに81ドルを送った際，ライトはそれをヴィンセントに託している。だがアララトへの物資運搬に関するかぎり，ヴィンセントは追加で支払いを受けてはいない。運搬の作業は，メリノ・ヒル農場での通年雇用

払いは，オグボーンがライトの農場にあった物品を自分のものとすることで相殺されている。SGW Ledger 1811-1822, 43, 51, 59, 71, 85, WFP.

30) General Farm Account, 1813-1814, 21, WFP. この帳簿にはさらに「ジョセフ」という運搬係の名前が載っているが，苗字はわからない。彼は1813年12月10日に運搬をしている。SGW Farm Ledger 1810-1811; SGW Ledger 1811-1822, 6, 22, 32, 44, WFP.

第3節　森の中の薪事業　　　　　　　　97

契約の一部として扱われたことになる[31]。

　12月9日に塩漬け豚肉1樽，113ポンドの牛肉と181ポンドの生豚肉をアララトに運搬したジェイムズ・チェンバレンが，メリノ・ヒル農場でどのように雇われていたかは明らかではない。1813年12月7日にライトは物資運搬分，そして樹木の伐採分として彼に給金をつけている。彼は薪1束の伐採に75セント，運搬に50セントと，出来高単位で支払いを受けている。オグボーンおよびヴィンセントに見られる異なった支払いパターンをチェンバレンに当てはめるなら，チェンバレンは日雇いされる労働力に該当することになろう。数少ない事例から一般化するのは慎重でなければならないが，これら4名の雇用条件からは，アララト会社への雇用は別段，まったく新しい雇用形態の始まりを意味するものではなかったように見える。日雇いは農場においては普通のことだったし，通年雇用だったヴィンセントは，アララトに関係する仕事で追加の支払いを受けていない。薪作りは新しい事業のはずだが，農村で一般的な雇用の延長線上に置かれていたのである[32]。

2. 近隣の農民と伐採作業

　アララトの労働者の大半は伐採夫だが，彼らはメリノ・ヒルからの派遣ではない。ライトは薪1束あたり75セントという出来高制で61名の伐採夫を雇用し，ジャガイモの掘り出しや水力用ダムの修繕には追加の支払いをした。うち2名は「黒人」と記載があるが，彼らも支払いの基本額は他の労働者と変わりない。ケイティという黒人女性が週あたり1ドル半で雇われているが，伐採夫に食事を出し，洗濯をしてやるためと思われる[33]。

---

31) SGW Ledger 1811-1822, 16, 50, 61（引用），WFP; Graham Russell Hodges, *Slavery and Freedom in the Rural North: African Americans in Monmouth County, New Jersey, 1665-1865*（Madison, Wis.: Madison House, 1997），163. ホッジズは，ヴィンセントが1810年，1818年にミドルセックス・カウンティのイースト・ウィンザー・タウンシップの小さな土地に三世代家族で住み，馬2頭，牛1頭を所有していたことを確認している。ライトがヴィンセントに与えた特権としては，家屋と自分の作物を植えるための土地，ライトの牛と一緒に自分の家畜を放牧できること，薪6束，畑を耕すのにライトの家畜を使うこと，が挙げられている。

32) SGW Ledger 1811-1822, 1, 56, 60; General Farm Account 1813-1814, 22, WFP.

33) General Farm Account 1813-1814. ライトのメリノ・ヒル農場の帳簿には伐採夫の名前は見つからない。General Farm Accounts 1809-1810 and 1810-1811, and SGW Ledger 1811-

表 2-1 アララトにおける伐採夫，1813年9月28日～1814年1月15日

雇用の開始	9月	10月	11月	12月	1月
人数	1	22	9	20	9
取引終了日					
10月31日まで	0	5	—	—	—
11月30日まで	0	1	2	—	—
12月31日まで	0	5	0	14	—
1月15日まで	1	11	7	6	9

注：ジョナサン・レイが送ったアフリカ系アメリカ人ロビンは，この表では数えていない。
出所：General Farm Account 1813-1814, Wright Family Papers, Hagley Museum and Library（WFP）.

　ライトは4ヵ月間をとおして伐採夫の新規雇用を受け付けた。帳簿に借方記載がある間は伐採夫が実際にアララトで働いていたと想定して，雇用が始まり，終了した月を一覧にすると表2-1が得られる。ここからは，10月と12月にはそれぞれ22名と20名，11月と1814年1月にはそれぞれ9名が雇われたことがわかる[34]。表の上では9月に雇われた1名は，先述のトーマス・ロットである。彼の借方記録は9月28日から始まるので，実質的には10月雇用の伐採夫と同等といえる。10月に雇われた22名のうち半数は，翌年1月15日までアララトにとどまった。11月雇用の9名の場合，1月まで残った者が多いが，10月に雇用された伐採夫と比べ，その人数はずっと少ない。そして特に興味深いのは12月に雇われた20名である。彼らは人数では10月に雇用された22名に匹敵するが，うち70パーセントは，1月にはライトのために働いていない。12月のみの雇用だった14名中，月末まで働いたのは1名にすぎず，12名は10日間か，それ未満で辞めている。さらに，1月に新規雇用された9名を見ると，8名は最大5日しか働いていない。つまり，12月と翌年1月に雇用された場合，労働期間は極めて短い[35]。

　　1822, WFP.
34）なお，この表は伐採夫の労働期間を長く見込んでいる可能性がある。伐採夫は日雇いや月雇いではなく，作った薪束の数に応じて支払いを受けたので，伐採夫が仕事をせずに過ごした日があったとしても，それはここでは勤務期間に数えられている。
35）General Farm Account 1813-1814, WFP.「黒人ウィリアムズ（Black Williams）」と記載さ

第3節　森の中の薪事業

表 2-2　アララトの伐採夫の雇用条件，1813年9月～1814年1月

	9月			10月			11月			12月			1月			計
	寝食	食	なし	寝食	食	なし	寝食	食	なし	寝食	食	なし	寝食	食	なし	
計	0	0	1	16	0	6	3	1	5	6	3	11	1	5	3	61
課税台帳	0	0	1	1*	0	2	0	0	4	0	0	8	0	1**	0	17

注：ジョナサン・レイが送ったアフリカ系アメリカ人ロビンは，この表では数えていない。
寝食：宿泊場所代と食事代が差し引かれている者。
食：食事代のみが差し引かれている者。
なし：宿泊場所代・食事代いずれも差し引かれていない者。
＊：サミュエル・クレヴェンジャー。彼は1817年の課税台帳には名前があるが，1810年の台帳には載っていない。
＊＊：もう1名，ジェイムズ・ジェフリーという伐採夫は1819年の課税台帳に初めて名前が出てくるが，ここでは組み入れられていない。
出所：General Farm Account, 1813-1814, WFP; State of New Jersey Tax Ratables, lower half, South Amboy Township, Middlesex County for 1810 and 1817, New Jersey State Archives (microfilm). サウス・アンボイ・タウンシップの1811年から1816年までの課税台帳は残っていない。

　食事と宿代の記載に注目すると，この61名を，(1) 支払いから食事・部屋代が引かれていない者，(2) 食事代のみ引かれている者，(3) 食事・部屋代いずれも差し引かれている者，という3種類に分けることができる。彼らの名前を1810年代のサウス・アンボイ・タウンシップ下半分の課税台帳と照らし合わせると（表2-2），台帳には61名中17名の名前が見出せる。この時期の課税台帳は十分な数が残っておらず，分析は完全にはならないが[36]，1814年1月分の分析をひとまずおいても，一般的な傾向は示すことが

れる伐採夫だけは食事を17食分注文している。17日働いたと計算することもできるが，そこまで長く働かなかったかもしれない。ライトは1月15日で薪作りに一区切りつけたいと考えていたのに対し，ウィリアムズの契約は1月7日からで，また彼がライトから物品を受け取ったという記載は一切ない。

36) 近隣のタウンシップの課税台帳は1790年のものしか残っておらず，1817年サウス・アンボイ・タウンシップ上半分の台帳にライトの伐採夫2名の名前があり，ライトの住んでいたアッパー・フリーホールド・タウンシップの1808年分の台帳にはランドール・ロビンズを含め3名の名前が見つかる。New Jersey Tax Ratables, upper half, South Amboy Township for 1817, and Upper Freehold Township for 1808, New Jersey State Archives (microfilm).

表 2-3 1813 年 10 月〜1814 年 1 月の地元伐採夫, および
サウス・アンボイ・タウンシップ下半分全住民
(1817 年) の土地占有状況

土地（エーカー）	地元伐採夫		サウス・アンボイ・タウンシップ下半分	
	人数	%	人数	%
201 以上	2	11.76	23	7.62
151-200	0	0	18	5.96
101-150	0	0	18	5.96
51-100	5	29.41	41	13.58
1-50	2	11.76	61	20.20
家屋地のみ	0	0	16	5.29
家屋持ち	6	35.29	51	16.89
独り者	0*	0	26	8.61
未改良地のみ**	2	11.76	48	15.89
合計	17	100	302	100

注：＊：ジェイムズ・マーフィーという伐採夫は 1819 年のサウス・アンボイ・タウンシップ課税台帳に初めて名前が出てくる。彼はこの表には含まれていない。
　　＊＊：これらの土地の占有者の中には, 不在地主も含まれる可能性がある。
出所：General Farm Account, 1813-1814, WFP; State of New Jersey Tax Ratables, lower half, South Amboy Township, Middlesex County for 1817, New Jersey State Archives (microfilm).

できる。10 月雇用の伐採夫は大半が食事代, 部屋代を差し引かれているが, 11 月以降の雇用の場合, これらの代金を差し引かれていない者も多い。12 月雇用の者は半数以上が食事を自前でとり, ライトが準備した宿泊用の小屋も利用していない。うち 8 名はサウス・アンボイ・タウンシップの住民と判明するので, おそらく自宅からアララトの土地まで通ったのだろう[37]。

　以上から, 10 月にはライトは外から伐採夫を雇い入れたが, その後, 蒸気船会社などへの引き渡しの開始までにさらに伐採する必要があるとわかり, 12 月と 1 月に地元の住民を短期間の伐採作業に雇って労働力を補った, と考えることができる。11 月雇用の者たちは, この 2 つの集団の間のどこかに位置するだろう。

---

[37] トーマス・ドァフリンガーはニュージャージー州バーリントン・カウンティのマーサ製鉄所を取り上げた研究で, 伐採夫は財産を所有する定住者人口には入らず, 課税台帳には記録されなかったと指摘している。Doerflinger, "Rural Capitalism in Iron Country," 18-19, 27.

第3節 森の中の薪事業

アララトでの伐採に参加したサウス・アンボイ・タウンシップ在住の17名については，同タウンシップ人口全体の土地・家屋占有の状況と照合することにより，その経済的位置を明らかにすることができる（表2-3）。17名中15名は土地なし，あるいは持っている改良ずみの土地が100エーカーまでである。2名が200エーカー以上を保有しているが，彼らは分析上問題視しないでよい。うち1名は1810年に300エーカーを持ちながら1817年には家屋を持つのみになっているトーマス・ロットで，この300エーカーはおそらくアララトの土地そのものの一部だと思われる。もう1名はジェイムズ・アップルゲイトで，1810年には100エーカー，1817年には400エーカーを持っている。後述するとおりこの増加分もアララトの土地と考えられるので，いずれも安定的な大規模土地所有者とはいえない。明らかに，持っていた土地の大きさが100エーカーを超えるか超えないかで線を引くことができ，100エーカーを超える者は，ライトのために伐採をすることはなかった。伐採を行ったうち6名は家屋持ち（householder）で土地は持っておらず，彼らは農場を持つ農民に雇われて働いたと考えられる。他に未改良の土地しか持っていない者が2名いる。さらに興味深いことに，土地占有状況と雇用の開始時期とが対応している。家屋持ちは全員10月，11月に雇用され，1名を除いて1月まで伐採を続けている。土地を持つ者たちは，持っているのが未改良地のみである者も含め，12月と1月に雇用されている[38]。

この17名の中では，51〜100エーカーの土地を持つ5名は大きな集団に見えるが，彼らも安定的に土地を確保していたわけではなかった。5名中2名は1810年には改良ずみの土地を持っていたが，1817年には家屋持ちに変わっていて，アララトで働く時点までに土地を持たなくなっていた可能性がある。また1エーカーから100エーカーまでの土地を持っていた者を数えると7名になるが，彼らの姓は3種類に限られる。1817年にフランシス・レッツは100エーカー，アイザック・レッツは35エーカーを持っていた。ジ

---

[38] 1810年，1817年サウス・アンボイ・タウンシップ下半分の課税台帳におけるロットおよびアップルゲイトの記載を比較のこと。New Jersey Tax Ratables, South Amboy Township, lower half, 1810 and 1817（microfilm）。第1章注14で触れたとおり，課税台帳は土地の所有と保有を区別していない。

エイムズ・レッツは1810年には70エーカーを母と共同で持っていたが，1817年には家屋持ちになっていた。ステイシー・ディズボリーは50エーカー，ジョン・D・ディズボリーは80エーカーを持っていた。1817年にエイモス・マンデイは80エーカーを持ち，エイベル・マンデイは1810年には60エーカーを持っていたが，1817年には家屋持ちになっている[39]。

　小規模に土地を持つ，あるいは土地なしの伐採夫の雇用パターンは，メリノ・ヒル農場での雇用のパターンと並行するものである。メリノ・ヒル農場で通年雇用されていたアイザック・ヴィンセントは，アララトへの物資搬送は数回しか行っていない。ライトの農場では大工の他に不定期で収穫の手伝いなどをしていたウィリアム・オグボーンは，ヴィンセントよりも長い時間をアララトで過ごし，製材所の修繕をした。小農場ないし未改良地を持つ者は農場の仕事があり，ライトの伐採の仕事は数日しかしていない。家屋持ちのほうは，大工やレンガ工といった技能をもたない場合，ライトのために3ヶ月間伐採を続けるのを，現実的な選択肢と考えてもおかしくなかったのだ。

　12月と1月に伐採に雇われた地元の農民にとって，数日ほど雇われて伐採することと農場労働とは，互いに相容れない作業ではなかった。もともと冬季は農閑期で，農民は伐採のような一時的な仕事に，何日間かを割くことができた。一度限りで，かつ短期間の仕事であれば，農場での仕事のサイクルを乱さないのである。ライトが契約の終了時に現金で決済をしたことを別にすれば，小農民と土地なし農民の目には，木を切るのはライトのためだろうが隣人のためだろうが，大差なかったといえよう。農業労働のルーティンは，蒸気船向けの大量伐採という新しい事業を，問題なく組み込みえたのである。

　ただし，土地を持つ農民がこの種の雇用で生活を支える気がなかったことも確かである。彼らは10月には，農場でソバ，ジャガイモ，トウモロコシといった作物の収穫作業が残っていた[40]。彼らが12月になってアララトで働き始めたこと，また1810年から1817年の間に土地を持つ農民2名が土地

---

39) Ibid.
40) ニュージャージーの農場での年間の労働サイクルについて，Wacker and Clemens, *Land Use*, 8-11 を参照。

なしに変わったことから見て、10月中旬から1月までアララトで働いた6名の地元の家屋持ちの農民も、農場での労働を優先するという態度を、土地を持つ農民と共有していたと考えてよいであろう。彼らは1813年秋には、雇われていた農場でたまたま仕事がなかったか、雇われていなかったかと考えられる。いずれにせよ、地元在住の伐採夫の経済的立場と雇用のあり方からは、アララトでの雇用は農業にとって代わるものではなく、それを補う、一時的な仕事であったことがわかる。

第4節　薪の搬送をめぐる諸問題

1．監督人ジェイムズ・アップルゲイト

ヨーク・アンド・ジャージー蒸気連絡船会社との契約は、木々を伐採して束にするだけでは完了せず、定期的な薪の運搬も重要な作業であった。サウス・アンボイの船着場に、1年を通じて薪束を準備しておくことが求められていた。薪を円滑に引き渡すには、運搬担当者の仕事ぶりが着実であることが必要だったが、この事業の関係者の大半は運搬作業を手がけなかった。ライトの伐採夫は大半がサウス・アンボイ・タウンシップの住民ではなく、この地にとどまらない。地元の農民は春には農場の仕事があって、運搬を毎日手がけることはない。ライトはフィラデルフィアに商店をかかえていたし、銀行の理事で州最高裁書記であるレイもこれを担当しない。2人が自分たちの雇いの農民に一年通してアララトで運搬の作業をさせることもなかった。

1813年10月から翌14年1月までに、アララトで伐採・準備された薪束は1697束と半束になったという。ライトは初め、運搬係を数名雇って搬送させたが、1814年1月19日には薪束は25束しか船着場に残っていなかった。1月に入る前にすでにカミングが船を2回寄こして25束を引き取っており、バラス・デカター・ラッカーも一度引き取りに来ていたので、運搬係はもっと多くの薪を運んでいたはずである。だがこれらを考慮しても、運搬が順調でなかったことは間違いない。史料は残っておらず、不明な点が多いが、ライトはその後も自分の雇いの者に運搬させていたようである。船着場の薪が少ないと1814年2月初めに告げられたレイは、ライトは荷車4台で

運搬を始めて，1月13日には9台も使って運搬をしていた，船着場にはもっと薪があるはずなのだ，と返答している。「［船着場を所有している］ゴードンかあなたの船の者か，いずれかがおかしいことをしているのです」と彼は自己弁護を試みている。ライトとレイは1814年と15年に，資金を出してワシントン連絡路・渡し会社を設け，サウス川とラリタン川をつなぐ水路を設けようと図った。薪の運搬を早めるためだったが，これは計画倒れに終わっている[41]。

ライトとレイは運搬を担当する責任者として，ジェイムズ・アップルゲイトを雇うことにした。1813年，14年に伐採に雇われていた地元在住者のうち，先述のとおり，最も多くの土地を持っていた人物である。彼は1813年11月に雇われて翌年1月まで伐採を続けた数少ない7名中の1人で，地元で酒場を営んでいた。ライトとレイは，切りそろえた薪をアップルゲイトと息子に船着場まで運ばせ，さらに追加で伐採と薪束作りをさせることにして，薪1束分の伐採に75セント，運搬にさらに75セントを支払うことにした。ただしアップルゲイトは，ランドール・ロビンズがライトの農場を借り受けたのと同様に，アララトに住んでその「農場」（契約書類には「アララト農場」と記されている）を「自分で利用し利益を得る」ことも許された。土地の使用権も含めて丸ごと貸して，伐採と運搬をさせようとしたのである。次章でも見るとおり，このような契約は一般的だった。さらに，アップルゲイトは小麦，肉，ウィスキー，衣服がほしいと望んだので，アップルゲイトが運送費を出すなら決まった価格でそれを売ってもよい，と2人は請け負った[42]。

---

41) General Farm Account 1813-1814, 6, 21; receipt dated January 19, 1814, WFP; copy of [Arrarat Company's] settlement with James Applegate, WFP; note by Randall Robbins and Samuel Gordon, January 19, 1814; Rhea to [unknown addressee], February 3, 1814, WFP. アップルゲイトとの清算文書によると，ランドール・ロビンズなどが搬送した薪は165束半にとどまった。ワシントン連絡路・渡し会社については以下を参照。receipt issued by J. Baldwin to SGW and Rhea's order, July 16, October 15, November 14, 1814, and January 25, 1815, WFP; Thomas F. Gordon, *A Gazetteer of the State of New Jersey* (Trenton: Daniel Fenton, 1834), 172.

42) ライト，レイ，アップルゲイトの間の最初の契約書類は残っていない。後の合意文書によれば，最初の契約は1814年1月8日に結ばれたが，アップルゲイトはのちに，1814年1月18日に結ばれたと主張している。以下を参照。Two undated agreements between SGW,

第 4 節　薪の搬送をめぐる諸問題　　　　　　　　　　　　　　　　　105

　実はライトとレイは，アップルゲイトを雇うのが最善の選択だとは考えていなかった。彼は信用できないとの噂を聞いていたのである。アップルゲイトの「家族は確かにきちんとしているし，彼は仕事もできそうだ」が，「彼は大言壮語と，自分は限りなく高潔だという公言とがすぎる」，とレイは認めている。アップルゲイトとの契約書を作成した際，「アップルゲイトたちがおそらく発生させる，させうるいかなる欠損にも［私たちが］努力して対応するために」，薪を運ばせる期限を早め（1814 年 6 月 1 日）に設定した，とレイはライトに説明している。ライトとレイの両者を代表してライトが署名するのでなく，2 人がそれぞれ署名したほうがよいのではないか，とまでレイは心配し，「結局のところ，私たちは詐欺師と取引しているのですから」とコメントしている（下線は原文のまま）[43]。

　実際，アップルゲイトの仕事ぶりに 2 人は頭をかかえることになる。ライトの雇った運送係は，130 束を搬送したところで 3 月までにアララトから引き揚げた。おそらくその後のことだが，蒸気船会社はレイに対し，船着場にほとんど薪が来ていないと連絡した。火薬製造業者のジョン・デカターも，自分の船の船員がアップルゲイトの応対に不満をもっている，と告げた。1814 年 4 月中ごろにレイがアララトを訪れたところ，実際に船着場には「5 束しかない」うえに，誰も運搬にあたっていなかった。だがアップルゲイトの家族は，レイにたしなめられて引き下がるどころか，ライトが送った豚肉の質が悪い，ライトとレイは薪を運搬する馬と台車を，あるいはそれを買う金銭を用意することになっている，と逆に主張した。混乱したレイは契約書類を読み直し，アップルゲイトが正しくないことに気付く。彼は立腹し，ラ

　　　Jonathan Rhea, and James Applegate and James Applegate, Jr., WFP. これらの契約はアララト農場の農耕地の様子や器具類の有無について言及しておらず，アップルゲイトがこの農場で耕作を本格的に行ったかどうかはわからない。以下も参照。The deposition of James Applegate, for *Charles Higbee vs. James Applegate, John Disbrow, Obadiah Herbert, Andrew Bell, Robert Wisner and Robert Montgomery*, New Jersey Court of Chancery, in WFP; copy of ［Arrarat Company's］ settlement with James Applegate; agreement between James Applegate and SGW, January 10, 1817, WFP. 以下に掲載されたアップルゲイトからの逃亡奴隷広告も参照。*Fredonian*（New Brunswick）, October 7, 1813.

43）　Jonathan Rhea to Robert Montgomery, January 8, 1814, General Manuscripts Miscellaneous Collection, Princeton University Library; Rhea to SGW, January 9, 1814, WFP. 両方の書簡より引用。

イトへの手紙の中で，アップルゲイトの「狙いは私たちが彼に大金を信用貸しし続けるようにすることです……化けの皮がはがれるのもすぐです」，と見切りをつけている。だがライトはその後もアップルゲイトと連絡を取り続け，同内容の業務を1815年も継続する契約を結びさえした。レイは6月1日時点でアップルゲイトとの契約を打ち切る可能性を考えていたが，現実にはそれは難しかったようである[44]。

2. 事業の展開と精算

レイが1815年に死去したのち，ライトは1816年末まで蒸気船会社およびアップルゲイトとの契約を続けている。契約当初にギクシャクしたのち，アップルゲイトは自分名義で船を借りて薪を配送するようになり，この薪事業により深く関与した。そのアップルゲイトと蒸気船会社との配送契約は1816年末に終了し，1818年にジョナサン・レイの遺産相続手続きが始まると，アララト会社自体も清算が始まる。ライトと蒸気船会社が取引記録を整理したのは，取引終了後の1817年で，取引の開始からは3年3ヶ月たっている（表2-4）。その間ライトは蒸気船会社ともアップルゲイトとも，搬送の記録を点検していない。また，収支を定期的に確認することもなかった。

アララト会社の薪は，大半がヨーク・アンド・ジャージー蒸気連絡船会社に販売された。時に同社の理事たちが個人的に薪を注文することもあり，アップルゲイトが彼らを訪問して受け付け，ニューアークに船をまわして届けている。合衆国政府宛てに販売された39束については記録がなく，もう一方の顧客である火薬製造業者への配送も，具体的な日時は不明である。ベルヴィルにあったラッカー・デカター・バラスの火薬工場は1814年4月20日に爆発を起こしたことが知られており，その音は対岸のニューヨークでも聞こえたという。彼らはその後も事業をあきらめなかったが，この事故の後しばらく，彼らは薪を受け取りに現れず，ライトは引取りを求める手紙を書いている。その間彼らの船は，ベルヴィルにあるペンキ工場のペンキをニュー

---

44) Rhea to SGW, April 14, 18（引用），1814; SGW to James Applegate, September 13, 1814; agreement between SGW and Rhea and James Applegate and James Applegate, Jr., n.d. WFP.

第4節　薪の搬送をめぐる諸問題

表2-4　アララトから搬送された薪，1813～1816年と購入者（束）

購　入　者	束
ヨーク・アンド・ジャージー蒸気連絡船会社	4737 3/8
ジョン・N・カミング	179 1/2
エリシャ・ブディノー	72 1/2
ジョン・P・デュランド	4
バラス・デカター・ラッカー	320
合衆国政府	39
ジェイムズ・アップルゲイト	700
合計	6048 1/2

注：合計数と個々の購入量とが一致しないが，数値は史料よりそのまま記入。ライトの計算違いも考えられる。本表の蒸気船会社向けの薪束の数は後出の表2-5にある数値の総計値4601 1/4束と一致しない。表2-5のほうが蒸気船会社の承認した数値であり，本表の数値はライトの計算に基づいている。彼は本表の出所となる史料中で「会計担当J・P・デュランドの記録のとおり」と記しているが，残っている史料からは，いずれが正確かは判断できない。
出　所：Copy of [Arrarat Company's] settlement with James Applegate, WFP.

ヨークに運んでいた。おそらくライトの薪は，このペンキ工場に売られることもあったであろう[45]。

ジェイムズ・アップルゲイトの1814年1月16日以降の仕事ぶりについては，史料が残っていない[46]。だが蒸気船会社への月ごとの薪の配送記録から，

---

[45] Elisha Boudinot to Jonathan Rhea, February 22, 1814, box 17, folder 2, Charles A. Philhower Collection, Special Collections and University Archives, Rutgers University Library; *Centinel of Freedom*, April 26, 1814; SGW to James Applegate, September 13, 1814; copy of settlement with James Applegate, January 10, 1817, WFP. デカターとラッカーは爆発事件後の1814年7月1日，地主のスティーヴン・ヴァン・コートラントと合意を結び，この土地を21年間借りた。Agreement between Stephen Van Cortlandt and John P. Decatur and John A. Rucker, July 1, 1814, and agreement between Decatur and Rucker and John Ballus, 1814, Miscellaneous Manuscript Collection (in folder titled "Ballus"), New-York Historical Society. ペンキ工場とバラス・デカター・アンド・ラッカーについては以下の史料がある。John Boston to John Day, May 14, 16, 19, September 19, 1814; order from John Boston to John Day for payment to the order of Ballus, Decatur and Rucker, January 17, 1815, Box for 1811-1814, Ferguson and Day Business Records, New-York Historical Society.

[46] 後に裁判所に出廷しており，アップルゲイトは自分で伐採夫を雇い入れたとは述べていないが，詳細は不明である。Deposition of James Applegate, *Charles Higbee vs. James Applegate, John Disbrow* et al., in WFP.

表2-5 ヨーク・アンド・ジャージー蒸気連絡船会社向けの薪および船舶による配達回数,1813～1816年

	1813年		1814年		1815年		1816年	
	薪（束）	配達	薪（束）	配達	薪（束）	配達	薪（束）	配達
1月			51 1/2	2	151 1/4	5	65	4
2月			191 1/2	6	29	1	85 1/2	5
3月			60 1/4	2	87 1/2	3	94	6
4月			134 1/4	4	192 1/4	10	194 3/4	8
5月			96	4	172 1/4	9	116	n/a
6月			135 1/2	4	158 3/4	12	248	n/a
7月			181 1/2	5	232 5/8	12	133 1/2	8
8月			133 1/4	4	221 1/8	13	搬送なし	
9月			71 3/4	3	192 3/8	10	126 1/8	6
10月	9	1	185 3/4	8	119	7	188 7/8	9
11月	—	—	95 1/4	6	137 1/2	9	66 3/8	n/a
12月	16	2	100 1/2*	5*	63 1/2	5	64**	n/a
合計	25	3	1437	53	1757 1/8	96	1382 1/8	46

注：＊：領収証とライトの記録との間に食い違いがある。ライトの側に領収証が残っていないが，その他8回の配達があったとされ，それを仮に1814年12月の記録に加えると，216 7/8束の薪がこの月に配達されたことになる。

＊＊：1817年1月2日の配送を含む。

n/a：個別の配送の記録が残っていない。

出所：letter and records of cordwood delivery from John P. Durand to SGW, March 28, 1817; two copies of Wright's record of delivery for the steam boat company, 1813-16, General Farm Account 1813-1814, WFP. 書簡類のデータを，領収証に基づいている農場帳簿と照らし合わせた。1813年の数値はデュランドの書簡には含まれていない。蒸気連絡船会社の帳簿に複数の数値が記されており，さらにライトのそれとの間に食い違いがあるため，ここに掲げた数字はおそらく不完全である。デュランドは蒸気連絡船会社の帳簿と領収証から数値を選んでいる。デュランドからの書簡には蒸気連絡船会社理事の個人的な薪の購入も含まれているが，この表からは省いてある。

仕事ぶりを推し量ることはできる（表2-5）。アップルゲイトと蒸気船会社の薪配送の契約は1815年5月1日に始まるが，この年にはポーラス・フックへの配送がより頻繁になり，運ばれた薪の量も増えている。自分の関わりが深くなるほど，アップルゲイトの仕事ぶりは改善したといえるだろう。蒸気船会社に薪を運ぶのに加えて，彼が雇った複数の配送船は，他の場所にも薪の販売に出向いている。たとえば「ファーマー」というスループ船は，

1815年6月と7月にはポーラス・フックの蒸気船会社まで17回にわたって薪を運び、さらにニューアークに1回、ローウェイに2回薪を運んでいる。1816年2月には、アララト会社の薪はニューヨークにも配送された。3年間の間に、アップルゲイトは大きな役割を果たすようになり、取引の地理的拡大をもたらしたのである[47]。

だが、蒸気船会社は満足していなかった。アララト会社は結局、契約で定められたとおり1年あたり松の薪2400束を配送することはなかったし、アップルゲイトの仕事ぶりにはやはり問題があったのである。ジョン・N・カミングは、ライトの薪は「この方面［蒸気船の燃料］でしか儲けがあがらない」だろうと理解を示したが、アップルゲイトに関しては厳しい不満をもっていた。契約どおりに配送せよ、と「他の仕事にかまけている」アップルゲイトに指示し続けたあげくに、彼が持ってきたのはまだ成長中で燃料に使えない緑枝だった、と彼はライトへの手紙に書いている。カミングは別の業者から薪を買わざるを得ず、会社の理事たちから批判された。蒸気船会社はアップルゲイトを告訴することも考えている、と彼はにおわせている。最終的に、ライトは1816年11月18日に、アップルゲイトに製材所のある土地70エーカー分を5年間1800ドルで貸し、木の伐採と運搬の独占権を与えた。翌年1月10日、彼はすでに切りそろえて船着場にあった259束と半分の薪をアップルゲイトに売り渡し、これをもって薪事業は実質的にアップルゲイトのものになった[48]。

アララト会社の清算には長い時間がかかった。ライトはロバート・モンゴメリーにアララトの土地代の支払いがあり、他方レイの遺族とアップルゲイ

---

[47] Copy of [Arrarat Company's] settlement with James Applegate; account settlement between Abraham Parsons and SGW, dated April 27, 1816（「1819年7月3日に清算」と書き込みがある）; receipts, dated New York, February 1, 20, 1816, WFP. このスループ船はライトによってフィラデルフィアで購入されてサウス・アンボイに送られ、アップルゲイトはそれをライトから購入した。Sloop *Farmer* purchase deeds, between Woodbridge Olden and SGW, 1815, and purchase deed, SGW and James Applegate, 1816, WFP.

[48] John N. Cumming to SGW, January 20, February 2, 1816, May 8, 1818; agreement between James Applegate and SGW, November 18, 1816; copy of settlement with James Applegate, January 10, 1817, WFP. 1816年11月の合意においてライトは、生えて7年たっていない木は切らないこと、と記している。二番生えを未来に利用するための措置と思われる。

トは彼に支払いをする必要があった。蒸気船会社は1817年，ライトに295ドル45セント，アップルゲイトに123ドル64セントを支払って，取引を完了した。アップルゲイトは契約期間中，合計3220ドル2セントもの支払いを受けていた。アップルゲイトは利益を上げようとして蒸気船会社への配送を手がけたのかもしれないが，最終的な支払いは，彼とライトの間の清算にもあまり役立たなかった。最終的な収支計算によると，アップルゲイトはライトに5545ドル31セント半の負債をかかえていて，経費のほうが薪の販売収益をはるかに上回っていたのである。利益が上がるはずの契約から，アップルゲイトがなぜライトに負債を負うことになったかは，完全には解き明かせない。酒場の切り盛りと薪の清算・運搬・配送を同時に手がけたことで，ライトや蒸気船会社が困惑したとおり，仕事が全般的にないがしろになったと，まずは言えるだろう[49]。

さらに大きな要因はアップルゲイトが，薪の生産や運搬とは直接関係ない取引をライトと行っていたことである。領収証を確認すると，時にアップルゲイトはライトに対して，ミドルセックス・カウンティ西部にあるハイツタウンのジェレマイア・ウルジーという人物などに支払いをするよう求めている。こうした第三者との取引は，3年間で少なくとも767ドル66セントに上る。またアップルゲイトはライトから頻繁に豚肉，牛肉，小麦粉を購入し，また現金を借りており，これも彼の収益を目減りさせた。そして新たに製材所の土地を借りたことで，彼の負債はさらに膨らんでいる[50]。

貸しが大きくなるのを見て，ライトは1817年1月10日に彼と新しい契約を交わし，アップルゲイトの所有していた土地3つを抵当に設定した。この抵当でも負債を取り戻せないと恐れたのか，ライトはアップルゲイトの所有する何ものも取り逃さないよう，彼の所有する船1隻を1200ドルで買い取っている[51]。その後アップルゲイトは結局，自発的には負債を返済しなか

---

49) J. P. Durand to SGW, March 28, 1817, には account of cordwood delivered という記録が同封されている。Accounts between SGW and Robert Montgomery and Jonathan Rhea, WFP, も参照。

50) SGW Ledger 1811-1822, 56, 60, 78, 91; receipts signed by Jeremiah Woolsey, April 15 and May 20, 1815, WFP. ジェレマイア・ウルジーはハイツタウンで織物工場を営んでいた。Gervais, *Les origines de la révolution industrielle aux États-Unis*, 102.

ったので，ライトは3つの土地の権利を弁護士チャールズ・ヒグビーに譲渡し，ヒグビーはアップルゲイトに対する負債取立ての訴訟を起こした。アップルゲイトは複数の人物から同様に負債取り立ての下級裁判所判決を受けていたため，それらがどういう状況になったか，ヒグビーは調べなければならなかった。アップルゲイトの声として，抵当差し押さえの根拠になった文書は正確ではない，と州衡平裁判所に異議を申し立てる史料が残っている。「酒で火照った状態で」自分は抵当書類に署名したのであって，そこまで負債は大きくないとライトにすぐ手紙を書いたが，誤記が「改められることはなかった」，というのが彼の主張である。だが彼の側が取引の収支を再計算して数字を示すことはなく，アップルゲイトは敗訴する。1822年3月9日に保安官によって彼の資産が競売にかけられると，ライトはそれを2100ドルで買い取っている[52]。

第5節　結論——初期農村型事業の強さと弱さ

　蒸気船の運航は都市を中心とする地域経済をさらに緊密化する新しい動きの1つであり，製造業，銀行業，農業改良，ターンパイク建設と並んで，都市・農村のエリートが取り組んだ事業の1つであった。他方，木を伐採することは農村経済の一部である。アララトでの伐採は，これら2つの世界をつなぎ合わせようとした。蒸気船のための薪の生産は，農村とより大きな地域経済のつながりを深めたといえ，特にジェイムズ・アップルゲイトにとっては，これは大きなチャンスであった。まず伐採夫となった彼は，大きな利益を上げる可能性を見出して，運搬業者として，さらに配送業者として，この都市向け取引に深く関わったのである。土地の持ち方の変化から，彼の狙いをうかがうことができる。1810年には彼は改良ずみの土地を100エーカー，

---

51) Agreement between James Applegate and SGW, January 10, 1817; SGW to John N. Cumming, November 9, 1818; receipt for purchase of the vessel *Trimmer*, February 20, 1819, WFP.

52) The deposition of James Applegate, and decision of the chancery court, WFP. 以下に収められたヒグビーの告訴状も参照。*Higbee vs. Applegate, Disbrow* et al., 1821, Chancery Court case files, 1743-1845, New Jersey State Archives.

未改良の土地を310エーカー持っていた。1817年には,彼は改良ずみの土地を400エーカー,未改良の土地を163エーカー持っている。彼とサミュエル・G・ライトは,いずれも農村型の事業家といえる[53]。

ライトの薪事業には,市場志向の産業的生産には関連づけられない特質がいくつかあり,それは農村型事業の強みと弱さとを示している。まず,蒸気船が発明される以前に事業家同士の個人的な友人関係ができていて,この事業の発足を後押しするとともに,市場の容赦ない変動から守った。蒸気連絡船会社の理事たちとジョナサン・レイの友人関係を基盤として始まった薪事業は,顧客が初めからあり,他の薪と競争する必要がなかった。第二に,事業に使われた資本は,人間にせよそれ以外にせよ,農村から得られ,労働の種類も本質的には農村のそれであった。ライトは自分の農場から,信頼の置ける労働者と,農場の家畜と荷車とを,一時的にこの事業にまわした。また木を切ることは地元の農民にとって新しい作業ではなく,さらに彼らはライトのために数日働いたにすぎない。こうした事業は伝統的な農村の経済活動の延長線上にあり,その気になればすぐに始められるものであった。唯一違うのは,地域外から伐採夫を連れてきて3ヶ月間雇ったことだけである。この点が地元の農業経済からのずれである。

ライトとレイが事業の鍵となる仕事に雇ったジェイムズ・アップルゲイトは,彼ら自身はよく知らない地元の酒場主であり,よくない話ももれ聞こえていた。アップルゲイトは自分の役回りをこなす気も能力もあったが,他の仕事も手がけていて,ライトや顧客が満足するようには働かなかった。ライトは監督が行き届かないのをあきらめて,アップルゲイトにより多くの実権を与えていった。責任を与えれば仕事ぶりがよくなる,と期待したのかもしれない。蒸気船会社などから不満が上がったにもかかわらず,1816年末まで彼は,契約を更新しないという圧力をかけなかった。また負債の増大は,収支の確認を定期的にアップルゲイトと行っていれば,問題として共有されたかもしれない。しかし確認が実際に行われたのは,すべての事業活動が終了した後である。この当時の事業の取り組み方には,アップルゲイトにより

---

53) Tax ratables, South Amboy Township, lower half, 1810 and 1817.

第 5 節　結論

まじめに,よい仕事をさせる手立てが備わっていなかったのである。蒸気船用の薪を用意させるため,蒸気連絡船会社の理事たちは,信頼できる仲間同士の世界から手を伸ばし,新しい人材を組み入れていった。知り合いではない人物のやる気に依存する分,彼らはリスクを負ったわけである。サミュエル・G・ライトはおそらく悪い選択ではなかったが,ジェイムズ・アップルゲイトはおよそ正しい選択ではなかった[54]。

　農村世界は特定の環境下では事業の苗床となりえたが,そこには強い制限も働いていた。市場革命論の想定とは異なり,ライトの薪事業は農村経済から農民を段階的に離脱させるものではなく,より大きな地域経済のために農村の資源を組み合わせ,活用する実験であった。そのため,農村の労働パターンがこの事業にタガをはめている。木を切るという農村の基本的な仕事すら,集中的に長期間続けるためには,ライトは外から伐採夫を連れてこなければならなかった。地元の農民は多数派ではなく,その関与は短期間であった。ジェイムズ・アップルゲイトは,薪の運搬と配送のために自分の酒場を閉めることはなかった。農村の人間は商業的な事業を敬遠しなかったが,生活の基盤である農場労働のルーティンを崩さずにすむ範囲でしか,参加しなかった。このような条件つきの関与を持続性のある事業へと編み上げるには,定期的に収支を算出してコストと利潤を意識化する仕組みが必要だったと思われるが,それは備わっていなかった。したがって,初期の農村型事業は極めて脆弱であった。こうした事業に自分の生活がかかっていると考える者はほとんどなく,彼らのうち気が向いた者が限定的な形で関わっただけである以上,これらの事業は小規模で,運営が難しく,短命にならざるを得なかったのである。

---

54)　1840年以前の事業は収支状況の把握が定期的にはなされず,帳簿の記載や人的資源の配置が緻密ならざる状態だった。アルフレッド・D・チャンドラー (鳥羽欽一郎・小林袈裟治訳)『経営者の時代　アメリカ産業における近代企業の成立』(東洋経済新報社,1979年),上巻27-91ページ。Gervais, *Les origines de la révolution industrielle aux États-Unis*, 108-111; Naomi Lamoreaux, "Rethinking the Transition to Capitalism in Early American Northeast," *Journal of American History* 90: 2 (September 2003): 437-461,も参照。

第 3 章
森林(その 2)と地下資源(その 1)
──農村型事業と区域間連結,1820〜30 年代

1810年代に事業で成果が上がらなかったのは，サミュエル・G・ライトだけではなかった。ライトと薪の契約をしていたヨーク・アンド・ジャージー蒸気連絡船会社も，成功を収めることはなかった。詳細は不明だが，ロバート・フルトンとロバート・R・リヴィングストンが持っていたニューヨーク州水域内の独占的操業権をあてにする，この会社の事業予測は楽観的にすぎたのである。同社は，マンハッタンと，ハドソン川を挟む対岸の町ホーボーケンとの間に連絡船を走らせていたジョン・スティーヴンスが，蒸気船を走らせようとはしないものと想定していた。だがスティーヴンスは蒸気船を導入し，フルトンはスティーヴンスと激しく対立することになる。加えて技術的な問題もあった。1817年，この会社は，走らせる蒸気船を2隻から1隻に減らし，1隻は馬の力で動かす船に差し替えたいと希望する嘆願書を，ニューヨーク市に提出している。そして会社の理事たちは，死去するか，事業から手を引き始めていた。エリシャ・ブディノーは1819年に，ジョン・N・カミングは1821年に世を去っている。会社は活動休止状態に入り，カドワラダー・D・コールデンが新たに人を集めて活動を再開させるのは1825年のことになる[1]。

サミュエル・G・ライト（1781～1845年）は，革命期の愛国派だったこれらの事業家よりはずっと若く，アララト会社の失敗にひるまなかった。彼はその後も，塩田に投資し，3つの製鉄所を経営するなど，自分の所有地をさまざまな形で利用した。とりわけデラウェア州サセックス・カウンティのデ

---

1) Draft of a contract with the heirs of Robert R. Livingston, May 27, 1813; Robert Fulton to Robert Livingston, October 19, 1812; Fulton to Robert L. Livingston, May 12, June 8, 1813; Fulton to Edward P. Livingston, May 18, 20, June 5, 1813; John Stevens to Robert L. Livingston, May 5, 1813, microfilm reel 11, Robert R. Livingston Papers, New-York Historical Society; Robert Fulton to John Stevens, June 10, 1811, LeBoeuf Collection, New-York Historical Society; petition of the York and Jersey Steam Ferry Boat Company, April 21, 1817, and the memorial of Francis B. Ogden to the Common Council of the City of New York, August 26, 1825, both in Common Council Papers, the City of New York Municipal Archives and Record Center. 他に以下も参照。Alexander McLean, *The History of Jersey City* (Jersey City: Jersey City Printing Co., 1895), 32; *New Jersey Eagle* (Newark), April 14, 1826; *Centinel of Freedom*, May 9, 1826.

ラウェア製鉄所と,ニュージャージー州モンマス・カウンティのドーヴァー製鉄所は,1821年と24年にそれぞれに関与が始まって以来,彼の大きな関心事となった。彼の投資の一部は西部イリノイの土地に流れ,また彼はフィラデルフィアで商店を営んでもいたが,彼は中部大西洋沿岸部の所有地に眠る天然資源を活用することで利益を上げようとしたのであり,農村を基盤とする事業家であったといえる。本章では,こうした活動がいかに行われたかを考える。彼の事業の1つひとつは,1820年代,30年代にはなんら目新しいものではなかった。資本投下が最も大きい製鉄業ですら,ニュージャージーでは植民地時代から,州内およびニューヨーク・フィラデルフィア在住の地主により試みられていた。むしろ,彼がこれらのすべてに手をつけたことが興味をひく。

史料の残存状況は完全ではないが,彼の活動は興味深い事例として研究できる。ダイアン・リンドストロームはフィラデルフィア周辺地域の経済について計量的に全体像を提示し,アーサー・ピアースは,ニュージャージーで複数の製鉄所を営んだリチャーズ家について素描している。より新しい研究として,ジョン・ベジス=セルファとトーマス・ドァフリンガーは,一製鉄所の日誌を細かく検討して1815年までの労働管理のあり方を論じ,製鉄所は地元の住民と外部の労働者を雇用していて,農村の資本主義が花開く重要な場所の1つであったと主張している[2]。

この章では少し後の時期に注目し,ライトの所有地について確認した後,1820年代を中心に,2つの相互に関係するトピックを取り上げる。第一は,ライトがデラウェアおよびニュージャージーで手がけた製鉄事業である。木

---

2) Diane Lindstrom, *Economic Development in the Philadelphia Region 1810-1850* (New York: Columbia University Press, 1978); Arthur D. Pierce, *Iron in the Pines: The Story of New Jersey's Ghost Towns and Bog Iron* (New Brunswick: Rutgers University Press, 1957); idem, *Family Empire in Jersey Iron: The Richards Enterprise in the Pine Barrens* (New Brunswick: Rutgers University Press, 1964); Charles Boyer, *Early Forges and Furnaces in New Jersey* (Philadelphia: University of Pennsylvania Press, 1931); John Bezís-Selfa, "A Tale of Two Ironworks: Slavery, Free Labor, Work, and Resistance in the Early Republic," *William and Mary Quarterly* 56: 4 (October 1999): 677-700; Thomas M. Doerflinger, "Rural Capitalism in Iron Country: Staffing a Forest Factory, 1808-1815," *William and Mary Quarterly* 59: 1 (January 2002): 3-38.

炭を用いる製鉄業は，外部世界から隔絶された存在と見なされがちだが，実際には植民地時代からのパターンの延長線上で，近隣・遠方から労働力を集めていたことが指摘されている。ライトの製鉄所は何名かの研究者により検討されているので，ここでは，ライトが手がけた他の事業とも関係する範囲内で，特徴を指摘することに焦点を絞る。具体的には，個々の製鉄所の運営の詳細よりは，2つの製鉄所が相互依存を深めていたことを取り上げ，その理由を考察する。それを通じて，農村型事業におけるフルタイムの熟練労働者の位置づけについて，変化の方向を示唆することができる[3]。

第二に，本章ではアララト会社の後の時期におけるライトの森林資源の活用を取り上げ，これまでしばしばフォークロア研究者が論じてきた林業と木炭の生産について検討する[4]。ニュージャージー中南部では，森林資源の開発は農業を補完する形で行われ，世紀中ごろ以降のニューヨーク北西部やペンシルヴェニア中西部とは異なり，林業は地域の中核産業にはならなかった。そのため，森林地域についての研究はあまり多くない。だが，建設資材などとしての大規模な伐採以外の利用に目を向けるなら，ニュージャージーの森林開発の変化は，都市と農村の結びつきの歴史の重要な一部分である。この分野に注目すると，事業家としてのライトに十分に光があたり，また製鉄所と農村の熟練・非熟練労働力がどのように活用されたかについて，史料から再現することができる。ここでは，樹木の利用と，その伐採・加工および輸送に携わった労働力に焦点を置いて検討したい。

---

3) Stuart Paul Dixon, "Organizational Structure and Marketing at Delaware Furnace, 1821-1836" (Master's Thesis, University of Delaware, 1990); John Bezis-Selfa, *Forging America: Ironworkers, Adventurers, and the Industrious Revolution* (Ithaca: Cornell University Press, 2004), 199-209.

4) Rita Zorn Moonsammy, David Steven Cohen, and Lorraine E. Williams, *Pinelands Folklife* (New Brunswick: Rutgers University Press, 1987). 林業を対象とする歴史学の研究として，以下も参照。Robert Kuhn McGregor, "Changing Technologies and Forest Consumption in the Upper Delaware Valley, 1790-1880," *Journal of Forest History* 32: 2 (April 1988): 69-81; Donna J. Rilling, "Sylvan Enterprise and the Philadelphia Hinterland, 1790-1860," *Pennsylvania History* 67: 2 (Spring 2000): 194-217; Thomas R. Cox, *The Lumberman's Frontier: Three Centuries of Land Use, Society, and Change in America's Forests* (Corvallis: Oregon State University Press, 2010), 23-100, 75-77 (New Jersey).

第1節　ライトの所有地

1. ニュージャージーと西部の所有地

　サミュエル・G・ライトはニュージャージー州内外にかなりの規模の土地を所有していた。彼自身が記した 1818 年の不動産所有状況の一覧を見ると，彼は開発に興味を示す農民だったといえる。家族の住むメリノ・ヒル農場（ライト自身による推定価値は 2 万 5000 ドル。以下同じ）に加え，彼は近隣に 3 つの農場を持ち（総計 1 万 8000 ドル），モンマス・カウンティ内に改良ずみの土地を複数と，州南部のトムズ・リヴァー周辺に森林地を所有した（それぞれ 2250 ドル，8600 ドル）。州外では彼はサスケハナ川沿い，ニューヨーク州オトセゴ地域に所有地がある他，デラウェアに塩田をもち，イリノイにも土地を持っていた（それぞれ 1 万ドル，6000 ドル，1 万ドル，5000 ドル）。その 8 年後，彼の土地所有はさらに増えていた。モンマス・カウンティの農場を維持し，セントルイスに投機目的で 1 万エーカーを所有（7500 ドル），デラウェアとニュージャージーでも所有地を増やした（1 万 3000 ドル，6 万 1000 ドル）。所有者から買い取った土地もあれば，東ジャージー領有者評議会――17 世紀後半に東西ジャージー植民地が発足した際に，その東半分全体に対する統治権を備えた地権者組織としてロンドンで設立されたが，1702 年に統治権を王室に返上し，その後は 19 世紀にかけて，同州の土地を測量・販売する組織になっていた――の株式を購入して，配当を受けた土地も含まれる。ライトはジェイムズ・パーカー，アンドルー・ベル，ジョン・ラザフォードといった同組織のリーダーたちと多数の書簡を交わし，土地の測量と取引をしている[5]。

---

5) Samuel G. Wright (SGW) ledger 1811-1822, 66, Wright Family Papers, Hagley Museum and Library (WFP). ライトは東ジャージー領有者評議会には 1810 年代から関係をもった。この組織とのやりとりは，たとえば以下を参照。James Parker to SGW, October 18, 19, 24, 25, 1822, July 1, 2, 14, 30, 1823, August 2, 1824; Andrew Bell to SGW, October 26, 1822; John Rutherfurd to SGW, May 3, 1827, WFP. 東ジャージー領有者評議会は 1998 年まで存続した。以下を参照。Maxine Lurie, "Introduction," in *The Minutes of the Board of Proprietors of the Eastern Division of New Jersey from 1764 to 1794*, ed. Maxine N. Lurie and Joanne R. Walroth (Newark: New Jersey Historical Society, 1985), xiii-xlii, esp. xviii, xx-xxi; John

ライトは，1人で管理するにはあまりに多くの土地を所有していた。彼はフィラデルフィアとメリノ・ヒル農場を往復する他，時折デラウェア製鉄所の管理人に会いに行き，また西部に足を運んで土地投機の可能性を探ることもあった。メリノ・ヒル農場ですら，彼が日々気をかけていたようには見えない。実は1816年に，彼はいとこのエドワード・テイラーにこの農場を貸していた。契約文書によると，テイラーが自分の家族とライトの家族両方のために作物栽培を行い，余剰分のトウモロコシとライ麦を，同農場から10マイルの範囲内で売りに出していた。ライトとテイラーは販売の収益を折半すると決まっており，ライトが種籾と収穫を収める袋を調達することになっていた。テイラーは同農場に暮らす自分の家族が必要とする分を取り置くことを許された。ライトの家族は農場内の自宅に住み，「夏の3ヵ月間，……市場向け野菜畑（truck patch）と菜園（garden）から」野菜を得ることを認められていた。メリノ・ヒル農場は自家消費分と市場販売分を栽培する複合型農場であり，またライトはその不在所有者というべき人物であった。彼は自分ではほとんど農作業を行わなかったと思われる。近辺に所有していた他の農場についても，ライトは同様な取り決めをしたと考えてよいだろう[6]。

2. デラウェア州の土地とライトの土地・資源利用の考え方

　西部での土地投機の他にも，さまざまな地域に土地を買い求めたことは，彼の事業家としての発想をうかがわせる。いずれの土地も，地下を含めた天然資源の活用が意図されていたからである。デラウェア州サセックス・カウンティの土地について，この点は最も典型的に看取できる。ニュージャージー南西部からデラウェア川を挟んで対岸に位置する同州でも，最南部のサセックスは森林と沼地が広がるカウンティだった。フィラデルフィアに近い州北部のカウンティに比べ，住民人口は少なかった。主産物はスギなどの針葉

　　　Mackey Metzger, "The General Board of Proprietors of the Eastern Division of New Jersey, 1684-1998: Survey of a Land Company," *New Jersey History* 118: 1-2 (Spring/Summer 2000): 3-33.
6) 　Agreement between SGW and Edward Taylor, January 6, 1816; SGW ledger 1811-1822, 20, 41, WFP. 複合型農場については Richard Lyman Bushman, "Markets and Composite Farms in Early America," *William and Mary Quarterly* 55: 3 (July 1998): 351-374, を参照。

第1節　ライトの所有地　　　　　　　　　　121

樹と，1814年以降については鉄分を含む泥土である。地元で銀行を営む地主ウィリアム・D・ウェイプルズが1817年にこのカウンティに設立したのがデラウェア製鉄所で，大西洋に注ぐインディアン川の岸辺にあり，水流を利用して生子銑鉄と鋳物を生産し，一部は地元にも販売していた。この製鉄所はこのカウンティの最大の事業所で，1820年の工業センサスでは2万5000ドルの資本が投下されたと評価されていた。工業センサスの調査員は，同カウンティについては地元の靴職人，大工など職人の名前を他に記しているが，仕事場の投下資本額が記されている者はうち半数に満たない[7]。

　ライトがデラウェアに所有していた土地は，鉄分を含む泥土を産した。この泥土は中部大西洋岸地域の沿岸部の沼沢地に多く見られ，鉄分が水から土へと濾し取られて生じる。長い時間が経過した場合，最大53パーセントもの強度の鉄分含有に至ることもあり，植民地時代から1830年代まで，この泥土はアメリカの製鉄所にとって，重要な原料であった[8]。ライト宛ての手紙は，「グリーン」「レイノルズ」「マコーレー」「ジョン・コンウェイ」など，旧所有者と思しき名前のついた土地（1826年時点の評価でそれぞれ8000ドル，2000ドル，500ドル，2500ドル。3つ目の土地は折半所有と思われる）に，たびたび言及している。たとえば，1821年にウェイプルズは，マコーレーとエヴァンズという土地の「われわれの側に，予想を上回る泥土が出ます」と，喜色をあらわにしている。1823年2月，製鉄所管理人のデリッ

---

7) Agreement between William D. Waples and SGW, June 1, 1821, WFP; Dixon, "Organizational Structure and Marketing," 5-11; "Description of the Cypress Swamps in Delaware and Maryland States," *Delaware History* 3: 3 (March 1949): 126-137; J. P. Lesley, *The Iron Manufacturer's Guide to the Furnaces, Forges, and Rolling Mills of the United States* (New York: John Wiley, 1859), 740-741; James M. Tunnell, "The Manufacture of Iron in Sussex County," *Delaware History* 6: 2 (September 1954): 85-89; Judith Quinn, "Traversing the Landscape in Federal Delaware," ibid., 23: 1 (Spring-Summer 1988): 49-53; James M. Swank, *History of the Manufacture of Iron in All Ages, and Particularly in the United States from Colonial Times to 1891* (Philadelphia: The American Iron and Steel Association, 1892), 238-239; United States, Census Office, *Records of the 1820 Census of Manufactures*, National Archives Microfilm Publications, M0279 (Washington, D.C.: National Archives, 1964), reel 17 (Sussex County, Delaware); Bernard L. Herman, *The Stolen House* (Charlottesville: University of Virginia Press, 1992), 17-165.

8) Lesley, *Iron Manufacturer's Guide*, 731-733; Robert B. Gordon, *American Iron 1607-1900* (Baltimore: Johns Hopkins University Press, 1996), 28.

ク・バーナードは,「コンウェイ」という名の土地の泥土はトンあたり1ドル50セントだと報告している[9]。

ライトがデラウェア製鉄所に関心をもったのは,1810年代,20年代に同じカウンティのルーズ (Lewes) で製塩業を手がけた (1826年の推定資産価値は6000ドル) ことが影響していると思われる。製塩業は自然環境を利用することを前提にする産業で,ライトが手がけても不思議ではない。中部大西洋岸地域で塩作りが始まるのはアメリカ革命期である。植民地時代,中部大西洋岸の植民地はマサチューセッツやヴァージニアから塩を入手していた。だが独立戦争中,イギリス海軍の封鎖で塩の流通が止まったため,大陸会議はペンシルヴェニア州に対してニュージャージーのトムズ・リヴァーで塩を生産することを許可し,地元の地主は州内各地で塩の生産に取り組んだ。独立後は生産が衰えていたが,1812年戦争に伴い,州内のタッカートン (バーリントン・カウンティ) に再び塩田を設ける地主が現れている[10]。ライトも加わったと思われるこの製塩事業は,成功せず1817年に解散したが,この事業に参加していたマサチューセッツ出身のデイヴィッド・サッチャーは,海水を蒸発させて塩を生産する新手法を開発して,特許を得た。ヴァージニアやノース・カロライナからも,この技術が他地域の海水にも応用可能かどうか,その方法で製塩所を設置する場合の許諾料はいくらか,問い合わせる手紙が舞い込んだ[11]。

---

9) William D. Waples to SGW, June 26, December 11, 1821; John G. Smith to SGW, December 16, 1821, February 24, 1822; Waples to SGW, May 14, 1822; Derick Barnard to SGW, May 21, July 7, September 2, October 21, 1822, February 15, May 19, June 2, 12, 14, 16, 1823, March 24, May 20, 1824; Thomas D. Judge to SGW, May 15, December 3, 1823, WFP. ジョン・G・スミスは1821年10月より1822年5月まで監督を務め, 後任がデリック・バーナードである。Deposition by John G. Smith, dated June 3, 1824, WFP. ウェイプルズについては, Dixon, "Organizational Structure and Marketing," 16-17.

10) William Livingston, "To the Assembly," in *The Papers of William Livingston*, ed. Carl E. Prince et al., 5 vols. (Trenton: New Jersey Historical Commission, 1979-1988), 2: 52-53, 56; Harry B. Weiss and Grace M. Weiss, *The Revolutionary Saltworks of the New Jersey Coast* (Trenton: The Past Times Press, 1959), 17-44; Harold F. Wilson, *The Jersey Shore: A Social and Economic History of the Counties of Atlantic, Cape May, Monmouth and Ocean*, 2 vols. (New York: Lewis Historical Publishing Company, 1953), 1: 166-176.

11) Ibid., 175; William McKee to SGW, October 15, 1817; Francis Smith to SGW, December 25, 1817, and May 23, 24, 1818; William Blackledge to Mr. Southard [sic], December 13, 1818;

第1節 ライトの所有地

　ライトは1816年，デラウェア州サセックス・カウンティのルーズに持つ所有地に製塩所を設けようとサッチャーを雇い入れ，サッチャーはマサチューセッツから大工を呼んで作業させた。風力を製塩所の動力にしようと風車を設置したのが注目を集め，この試みはフィラデルフィアとニュージャージーの新聞に好意的に取り上げられている。だが資金面・技術面で問題が生じて，1817年には生産は始まらなかった。「あなた［ライト］が私に指示くださったとおり」に「製塩所を上手の土地に設ける」ためには，海水を38フィートも持ち上げねばならない，とサッチャーはライトに報告している。これは「壮大な企てで，考えるだけでも震えが走りそうになります」。製塩所用に用意された木材は，「マサチューセッツの公式調査官が認定した売り物になる木材に比べ，製塩所作りには3分の2ほども役立ちません」。コストがかさんでいくのを見て，ライトは1818年5月に建設の停止を求めたが，サッチャーは，「私の信用に致命傷となり，来週には私がクビになるとみな思うでしょう」と，資金提供を続けるよう求めている。製塩所はサッチャーの借り受けによって1818年に操業を開始し，1821年に嵐の被害を受けるものの，20年代後半まで操業を続けた。だがその時点までに，ライトのこの地域への関心は製鉄に移っていた[12]。

　サッチャーの製塩事業の困難の理由は，ライトの要求と地勢とに由来する技術的な問題に限られない。上述のとおり，サッチャーは中部大西洋岸の木材を建築資材に用いるのに不満をもらしたが，この木材の出所は，史料から判明する。同じサッチャーの手紙には，「トレントンからの最後の木板は，反るは，折れるは，ぐらぐらするは，壊れるは，です。まったく何の価値も

　　　Ebenezer Foulks to SGW, December 28, 1818, WFP. タッカートン製塩所について，James Willets to SGW, August 29, 1817, WFP を参照。

12) "Salt Works," *Fredonian* (New Brunswick), August 20, 1818 (article copied from *Philadelphia Union*); SGW ledger 1811-1822, 95; David Thatcher to SGW, October 6, 1816, May 2, 9, July 26, 1817, May 14, 1818, WFP. 引用は1817年5月2日付と1818年5月14日付の書簡より。嵐による損害についてはWilliam D. Waples to SGW, September 11, 1821. ライトはその後，この製塩所を賃貸ししている。Derick Barnard to SGW, May 9, 1826; John J. Cale to SGW, April 17, 1823, WFP. Quinn, "Traversing the Landscape," 52-53. 1820年工業センサス調査官はこの製塩所を「大変よい状態」であると記録しているが，投下された資本や塩生産の規模には触れていない。United States, Census Office, *Records of the 1820 Census of Manufactures*, microfilm reel 17 (Sussex County, Delaware).

ありません」とある。製塩所の周辺でも木材は手に入るのに，デラウェア川のはるか上流に位置するニュージャージー州トレントンから木材を送って使わせるのは，奇妙に映る。だが，ライトの土地所有を確認すると，彼がトレントンの近辺にベア・スワンプという沼沢地を所有していたことがわかる（推定価値600ドル）。材木はデラウェアで買い付けず，自分の土地のものを利用しよう，という計算がここには働いているのである。ただし，肝心の材木の品質が悪く，うまくいかなかったのだった[13]。

　製塩所に送られた材木は，トレントンのものに限られない。かなりの部分は，ライトがモンマスやバーリントンなど，ニュージャージー州中〜南部のカウンティに所有していた土地から送られた。この地域は住む者の少ない，やせた砂地の土壌で，森林が広大に広がっており，通称パイン・バレンズ（Pine Barrens）と呼ばれていた。だがライトの目には，この地域は開発可能で，価値が増大すると見えていた。トムズ・リヴァー周辺の製材所用地（推定価値は4000ドル）について，彼はトムズ川の「水は強い［流れ］で海岸地帯でもあるので，いつか大きな価値をもち，すばらしい船着場になるだろう」とコメントしている。同じ地域の別の土地についても，その潜在性を彼は高く評価している。「トムズ・リヴァーからプロスパー・タウンとゴーシェンへの道は……この土地を通ってトムズ川をまたぐので，すばらしい船着場になるだろう」[14]。

　ライトはやみくもに大量の土地を所有していたのではない。自分の土地に生える樹木を蒸気船会社など都市部の顧客と取引したのみならず，彼は自分の土地を利用する事業をつくり出しすらした。土地を活用してさまざまな事業を営むことは，彼の土地に関する見方の核心をなしている。以下2つの節で，この土地を利用する彼の事業を2種類検討したい。製鉄所と，薪・造船・木炭生産を目的とする森林の利用である。

---

13) Thatcher to SGW, May 2, 1817; SGW ledger 1811-1822, WFP. 最終的にサッチャーは地元の材木を買い付けている。Thatcher to SGW, May 9, 1817, WFP.

14) Thatcher to SGW, January 28, May 11, 1816, February 26, 1817; Wm. W. Foulks to SGW, March 20, 1817; SGW ledger 1811-1822, WFP. Peter O. Wacker, "Human Exploitation of the New Jersey Pine Barrens Before 1900," in *Pine Barrens: Ecosystem and Landscape*, ed. Richard T. T. Forman (New York: Academic Press, 1979), 3-23, も参照。

第2節　ライトの製鉄所

1. ニュージャージーにおける初期製鉄業

　ニュージャージーでは，製鉄はデラウェア同様，鉄分を含む泥土を用いて，植民地時代後期に農村部・都市部の富裕層によって始まった。バーリントン～モンマス・カウンティ地域では，フィラデルフィア商人の息子で，ニュージャージーで政治に関与したチャールズ・リード（1715～1774年）が1760年代以降に高炉と鍛造工場を4つ建設し，鍋・釜・鋤など，生活用品や農器具を地元向けに生産した。彼を含めフィラデルフィアの商人たちが製鉄業に投資したのは，経営の安定を求めてのことであった。初期投資の規模は大きいものの，大西洋交易に比べれば，製鉄業のほうがより安定的に収益を得られたのである[15]。たとえば，フィラデルフィアの商人でクエーカーであるヘンリー・ドリンカーは1773年，バーリントン・カウンティのアトシオン製鉄所の所有権の一部を購入している。この製鉄所は独立戦争中，実際にドリンカーを支えた。クエーカー商人は独立戦争に中立しようとしたため，ペンシルヴェニア州政府の措置で貿易を続けるのが困難になったことが知られているが，この時期，アトシオン製鉄所では鉄製品が生産されて隣接するアッパー・フリーホールド・タウンシップで販売され，収益がフィラデルフィアのドリンカーに送られていたのである[16]。また革命後には，アトシオンは新

---

15) 植民地時代の製鉄所について，Boyer, *Early Forges and Furnaces*, passim; Carl R. Woodward, *Ploughs and Politicks: Charles Read of New Jersey and His Notes on Agriculture, 1715-1774* (New Brunswick: Rutgers University Press, 1941), 86-96; Swank, *History of the Manufacture of Iron*, 158-159; Thomas M. Doerflinger, *A Vigorous Spirit of Enterprise: Merchants and Economic Development in Revolutionary Philadelphia* (Chapel Hill: University of North Carolina Press, 1986), 151-157, 221-222. 日本での研究として，永田啓恭『アメリカ鉄鋼業発達史序説』（日本評論社，1979年）。初期の製鉄所について，同時代の史料は furnace と forge という単語を厳密な区別なく用いているので，以下でも厳密に訳し分けない場合がある。

16) Thomas M. Doerflinger, "How to Run an Ironworks," *Pennsylvania Magazine of History and Biography* 108: 3 (July 1984): 357-366. この論考は，ドリンカーがリチャード・ブラックレッジに製鉄所を操業するための留意点を解説した，1786年10月4日付の書簡を全文収録している。戦争中の販売の記録は Atsion Book, 1780-1783, Richard Waln Papers, Historical Society of Pennsylvania, にある。販売と売り上げの送金を代行したのは，第1

しい事業の基盤となった。1790年代にウィリアム・クーパー（作家ジェイムズ・フェニモア・クーパーの父）がニューヨーク州北部を開拓して町を開くのに出資したドリンカーは，アトシオンで鉄瓶を生産し，クーパーが地域のカエデからカエデ砂糖をそれに採取してフィラデルフィアに送ることを期待した。彼自身も1792年に，ペンシルヴェニア州ウェイン・カウンティの自分の所有地でカエデ砂糖の採取事業を試みたが，その際，採取用の鉄瓶をアトシオン製鉄所で1200個作り，現地に送っている[17]。

ライトが居住して多くの土地を所有していたモンマス・カウンティを含め，ニュージャージー南部には1810年時点で20の製鉄所があった（図3-1）。これらの製鉄所は，みな同じ性格だったわけではない。なかには，独立した農村型事業というよりは，最初から都市の企業の一部をなしていたと考えられるものもある。フルトンの蒸気船のエンジンも手がけた著名な蒸気船エンジン製造業者であるジェイムズ・P・アレアが経営する，ハウエル製鉄所がその例である。アレアはのちにニューヨーク市に大きな鋳造工場（foundry）を建設し，200名以上を雇用した。この鋳造工場に1820年代から40年代まで，加工用の鉄を提供したのがハウエル製鉄所だった。だがより多かったのは，ライトのそれを含め，独立した農村の製鉄所のほうだった。その中でも典型的だったのが，リチャーズ家の製鉄所である。ヘンリー・ドリンカーは1805年，アトシオン製鉄所の所有権を，自分の義理の息子でリチャード・ウォルンの小麦買い付け代理人だったジェイコブ・ダウニングに売却したが，ダウニングが1823年に死亡すると，同製鉄所を買い取ったのは，ウィリアム・リチャーズである。リチャーズは1784年にバーリントン・カウ

章で取り上げたリチャード・ウォルンであった。彼はニュージャージーで製粉所を営み始める前には，フィラデルフィアの波止場地区でドリンカーと隣り合わせ，家族ぐるみのつき合いがあったのである。Elaine Forman Crane, ed., *The Diary of Elizabeth Drinker*, 3 vols. (Boston: Northeastern University Press, 1991), passim.

17) Alan Taylor, *William Cooper's Town: Power and Persuasion on the Frontier of the Early American Republic* (New York: Vintage, 1995), 115-134; David W. Maxey, "The Union Farm: Henry Drinker's Experiment in Deriving Profit from Virtue," *Pennsylvania Magazine of History and Biography* 107: 4 (October 1983): 607-629. ドリンカーのカエデ砂糖生産事業（ドリンカーの所有地はユニオン・ファームという名である）は，労働者の樹液採取の技術の低さ，天候不順，監督担当者が生産を監督できなかったことにより，1795年に失敗に終わる。

ンティのバトスト製鉄所の管理人となって以来，製鉄を手がけていた。彼の死後は息子のジェシがバトスト製鉄所を引き継いでいく。別の息子サミュエルはアトシオンを含む5つの製鉄所の所有権を持ち，ウィリアムの兄弟であるジェイムズ・リチャーズの孫であったジョン・リチャーズはさらに2つの製鉄所の部分的所有権を持ち，管理にあたっていた。リチャーズ家の製鉄所はストーヴ，窓枠といった鉄製品を生産し，のちには，後述するとおりガス管，水道管の製造で有名になる[18]。

　アメリカにおける製鉄は18世紀から19世紀初めにかけて，変わらず同じ方法——鉄分を含有する泥土ないし鉱石と木炭，融剤（貝殻が多い）を熱する——で営まれた。製鉄所はしばしば，鉄の鉱床の近くでかつ十分な量の樹木が生えているところに建設され，数万エーカーの森林に囲まれていた。主要原料の泥土ないし鉱石と燃料の木炭は，いずれも陸上の遠距離輸送になじまないとされていて，当時の製鉄所はできるかぎり近辺でこれを確保しようとしたのである。溶鉱炉は高さおよそ30フィート，基底部は幅30フィート，上部は20フィートである。水力を使ってふいごで炉に空気を送り，鉄分を含有する泥土ないし鉱石の燃焼を促進した。12時間交代で炉を監督する炉係（keepers）が，その時々の泥土ないし鉱石と木炭，融剤の投入量を判断し，投入係（fillers）が炉の上から，最大では15分おきに投入を行う。加熱によって鉄分が下に沈み，それ以外が上へと分かれると，炉の栓が壊され，鉄分は砂で作った流路をつたって型へと流れ込み，生子銑鉄（pig iron）となる。一度炉に点火すると，手持ちの泥土・鉱石ないし燃料がなくなるまで，最大9ヵ月は操業が続いた。生子銑鉄は炭素が多く混入していて砕けやすかったため，鍛造工場で再度加熱し，ハンマーでたたいて炭素を酸化させるとともに鉱滓を除去し，そのうえで鋳物工が製品へと加工する。加えて製鉄所は，泥土の掘り出しや輸送を担当する非熟練労働者，また木炭を生産する伐

---

18) Pierce, *Iron in the Pines*, 20-51, 130-134; idem, *Family Empire*, xii-xiv, 3-41, 255-256; Philip W. Coombe, "The Life and Times of James P. Allaire: Early Founder and Steam Engine Builder" (Ph.D. diss., New York University, 1991), 110-148; Richard B. Stott, *Workers in the Metropolis: Class, Ethnicity, and Youth in Antebellum New York City* (Ithaca: Cornell University Press, 1990), 43, 48; K. Braddock-Rogers, "The Bog Ore Industry in South Jersey Prior to 1845," *Journal of Chemical Education* 7: 7 (July 1930): 1493-1519.

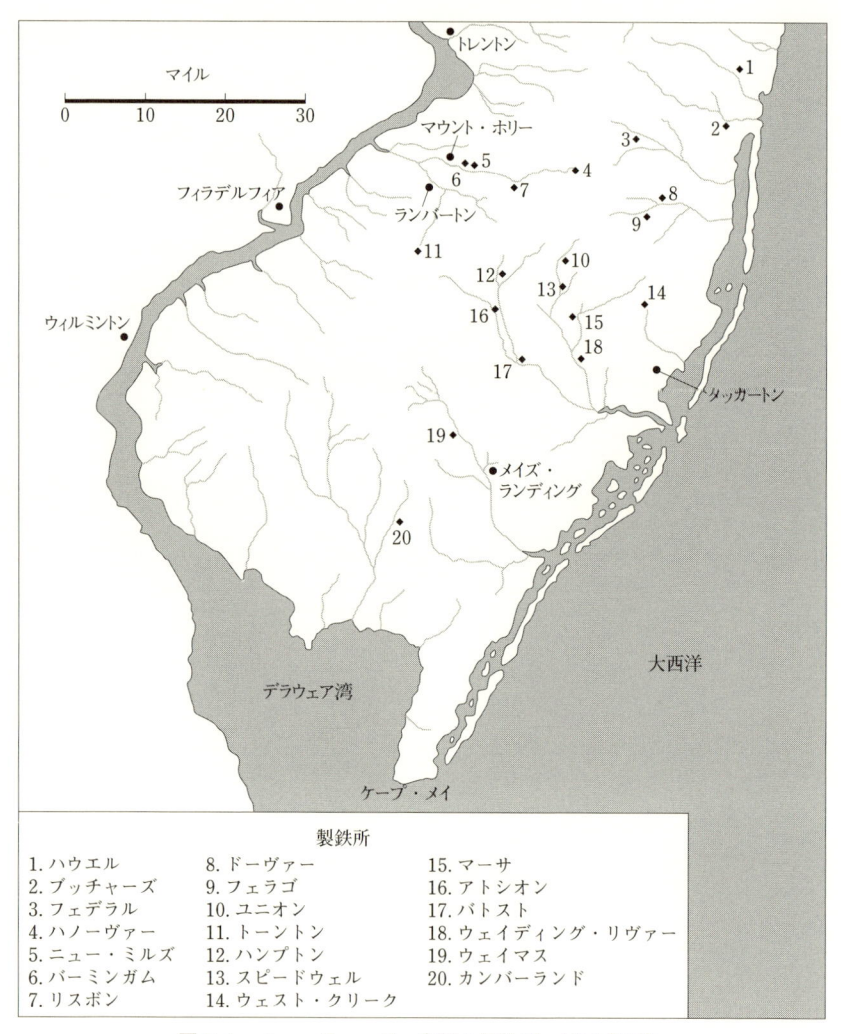

製鉄所
1. ハウエル
2. ブッチャーズ
3. フェデラル
4. ハノーヴァー
5. ニュー・ミルズ
6. バーミンガム
7. リスボン
8. ドーヴァー
9. フェラゴ
10. ユニオン
11. トーントン
12. ハンプトン
13. スピードウェル
14. ウェスト・クリーク
15. マーサ
16. アトシオン
17. バトスト
18. ウェイディング・リヴァー
19. ウェイマス
20. カンバーランド

図 3-1 ニュージャージー南部の製鉄所，1810年ごろ

Thomas M. Doerflinger "Rural Capitalism in Iron Country: Staffing a Forest Factory, 1808-1815," *William and Mary Quarterly*, 3rd series 59: 1 (January 2002), 6 より作成。

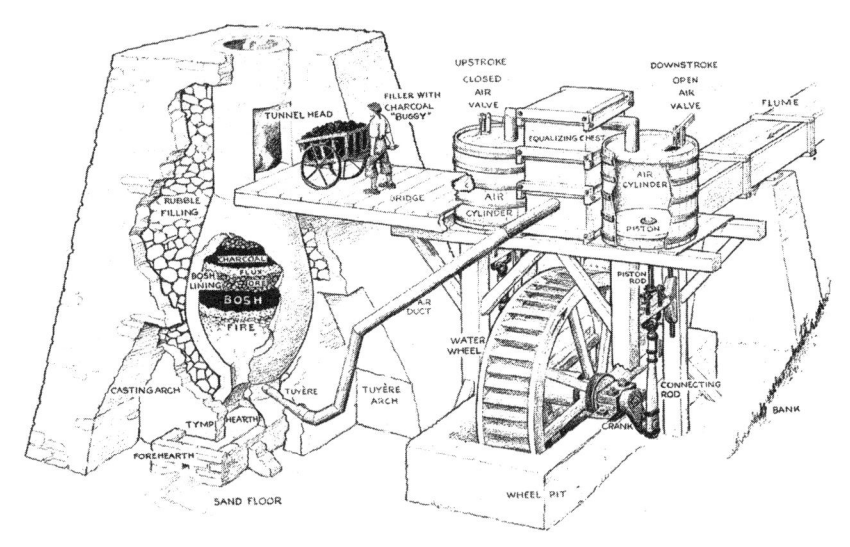

図 3-2 18・19世紀前半の製鉄所溶鉱炉
上部にいるのは木炭を投入する係で,手押し車で木炭を運んでいる。(Edwin Tunis, *The Colonial Craftsmen and the Beginning of American Industry* (New York: Thomas Y. Crowell Company, 1965), 151.)

採夫と炭焼きも雇っていた。ライトが1821年から経営に関わっていた前出のデラウェア製鉄所では,1832年に45名(うち少年10名)を製鉄所の労働に,45名を泥土の掘り出しや木炭の生産などに雇っている。同製鉄所の生産高は,1年あたり生子銑鉄300トンと鋳物300トンである[19]。

製鉄所は一見,周囲の農村から切り離された存在のような印象を与えるが,実際には近隣地域および都市市場と結びついていたことが明らかになっている。トーマス・ドァフリンガーの研究によると,ニュージャージー州バーリ

---

19) Gordon, *American Iron*, 55-154; Paul F. Paskoff, *Industrial Evolution: Organization, Structure, and Growth of the Pennsylvania Iron Industry, 1750-1860* (Baltimore: Johns Hopkins University Press, 1982), 1-90; Peter Temin, *Iron and Steel in Nineteenth Century America: An Economic Inquiry* (Cambridge, Mass.: Harvard University Press, 1964), 58, 83-84, 91; Arthur C. Bining, *Pennsylvania Iron Manufacture in the Eighteenth Century* (Harrisburg: Pennsylvania Historical Commission, 1938), 11-94; Edward Hazen, *The Panorama of Professions and Trades; or Every Man's Book* (Philadelphia: Uriah Hart, 1837; reprint, Watkins Glen, N.Y.: Century House, 1970), 276-281; United States, *Documents Relative to Manufacture in the Unites States* [22nd Congress, 1st Session, House of Representatives Exe. Document, 308, or the McLean Report], 2 vols. (Washington, D.C.: Duff Green, 1833; reprint, New York: Augustus M. Kelley, 1969), 2: 669-670.

ントン・カウンティのマーサ製鉄所では，1800年代から1810年代にかけて，敷地内の農場で食料をまかなうことはなく，船舶で都市から運ばせたり，また近隣の農民から買い付けたりしていた。同製鉄所では1809年には計72名の労働者を雇っていて，うち非熟練が40名，熟練が22名，御者が10名であったが，近隣の農民が御者の仕事を引き受けるなど，近隣農民も労働力の一部であった。泥土掘りや木の伐採といった非熟練労働は，重労働だったため労働者の出入りが激しく，半分以上が1年以内で製鉄所を去った。これは63パーセントが3年以上働き，7年以上働く者も3割に上った熟練労働者と比べて，はっきりした対照をなしている。そしてマーサ製鉄所では労働力の確保のためにも飲酒が許容され，労働者自身の判断で仕事をしない日が数多くあるなど，労働者の管理は厳しく行われてはいなかった。労働者は時折解雇されることがあったが，これは10日後，3ヵ月後，翌年夏などに再雇用されることが多い「儀礼的解雇」で，働きぶりを統制する意図はそこには見出せなかったという。ドァフリンガーは，この「分散型で，厳格でない」労働の管理体制は「うまくいっていた」と述べている[20]。

以下では，ライトがなぜ複数の製鉄所を運営したかを，労働力の問題と絡めて検討したい。1800年代と1820年代から30年代では，多少の変化が生じ始めていることを確認することが重要である。

2. ライトの製鉄所運営

ライトの製鉄業への関与は，1819年にニュージャージー州カンバーランド・カウンティのミルヴィル製鉄所を，所有者でフィラデルフィア商人のデイヴィッド・C・ウッドから借りたことに始まる。これはウッドが1813年にカンバーランド・カウンティのモーリス川沿いに建て始めたものである。1819年から少なくとも1822年まで，ライトはこの製鉄所を借りて鋳物や生子銑鉄を生産し，その生産規模は1820年にはそれぞれ400トン，100トン，雇用者数は52名（うち少年8名）と記録されている。製品の販売先はボストン，ヴァージニア州ノーフォーク，ニューヨーク州オルバニーなどであっ

---

20) Doerflinger, "Rural Capitalism in Iron Country," 3-38, esp. 8（引用），20, 21.

た[21]。

　デイヴィッド・ウッドは製鉄所に加え，バーリントン・カウンティのバーリントン市近くの，ある農場の敷地内に鉱床も所有していた。その採掘契約は，農村における事業用の雇用として，確認に値するものである。ウッドが契約し，ライトも契約を継続したジョセフ・スタックハウスという人物は，自ら人を雇って泥土を掘り出させ，またその農場の管理も行うことを約束している。泥土の掘り出しという1種類の労働のみに契約を限らず，農場の運営も含めて，土地の全般的管理を任せていることが目につく。これはアララト会社におけるジェイムズ・アップルゲイトの場合と共通しており，この当時の農村における雇用の一般的パターンであったと考えられる。なお，ライトは他にも泥土を確保しようとした。サタースウェイト家という一家がクロスウィックス村近辺で泥土を掘ることを彼に約束しており，その泥土は，クロスウィックス川（リチャード・ウォルンの製粉所があるところである）を下って，ボーデンタウンの町にあるイズラエル・ベドルの船着場に運ばれることが決められている。1826年までに，ライトはこうした泥土採掘地をいくつか所有しており，その価値を3000ドルと見積もっている。加えて，デラウェアも泥土の入手場所である。この地域の泥土は，サセックス・カウンティのミルトンの港に運搬され，デラウェア川の対岸のミルヴィル製鉄所に運ばれるのだった[22]。

　ライトが1824年からニュージャージーで運営したドーヴァー製鉄所は，モンマス・カウンティのドーヴァー・タウンシップ（のちに区画変更でオーシャン・カウンティ）にあった。遠縁の親類デイヴィッド・ライトが1789

21）　この製鉄所はBoyer, *Early Forges and Furnaces* では触れられていない。Agreement between David C. Wood and SGW, February 28, 1822; Millville Furnace waste book 1819-1846, passim, Millville Manufacturing Company Collection, Hagley Museum and Library; United States, Census Office, *Records of the 1820 Census of Manufactures*, microfilm reel 17（Cumberland County, New Jersey）. ライトとウッドの契約は1822年に終了したと思われる。

22）　SGW ore book 1821-1824; agreement between Israel Beddle and SGW, November 15, 1821, WFP. ライトが所有していた泥土採掘用地については，SGW ledger 1811-1822, WFP を参照。"Bog Iron Ore," *Hazard's Register of Pennsylvania* 2: 2（July 26, 1828）: 18; Lucuis Q. C. Elmer, *History of the Early Settlement and Progress of Cumberland County, New Jersey*（Bridgeton, N.J.: George F. Nixon, 1869）, 79, 82, も参照。

年の時点でここにフェデラル・フォージという製鉄所（forge）を営んでいた記録があるが，その後は定かでない。ライトは2万3266エーカーという広大な土地を入手し，ここに製鉄所を建設した。他の製鉄所と同様に製鉄所の近辺で泥土が産出し，スタックハウス，サタースウェイト家，そしてキャレブ・シュリーヴという人物もライトの鉱床の1つを掘ると契約し，バーリントン・カウンティからこの製鉄所に泥土を運搬していた[23]。

ミルヴィル製鉄所の契約が終了したのちもデラウェア製鉄所を維持し，さらにドーヴァー製鉄所を手がけたのは，ライトに事業拡大の野望があったからだと考えるのは，適当ではない。デラウェア製鉄所の管理人デリック・バーナードが，1824年3月に，「この製鉄所［デラウェア製鉄所］はジャージーの製鉄所とつなげていかないと，利益ある運営はできません」と書いているからである[24]。バーナードの主張を検討すると，ドァフリンガーの調査した1800～10年代のマーサ製鉄所とは違い，いかにして労働者をうまく働かせるかをめぐって，困難が目につきだしていたことが明らかになる。ジョン・ベジス＝セルファの研究を参照しつつ，史料によってこの点を確認しよう。

第一に，デラウェア製鉄所の立地環境の問題があった。安定的な製品生産のためには，炉に火が入っている期間はずっと労働者を製鉄所に滞在させるのが望ましく，管理人は，鋳物工が家族とともにデラウェア製鉄所に住むことを期待していた。だが1822年には胆汁症（bilious fever）が流行するなど，デラウェア製鉄所は居住環境が悪く，この地に家族を連れてくるよう誘われても，それに応じる熟練労働者は多くなかった[25]。

またライトが経営に乗り出して最初の数年は，労働力の監督をめぐる対立があった。1822年，23年，管理人バーナードにとって頭痛の種となったの

---

23) ボイヤーは著作中でライトには一切言及していない。Boyer, *Early Forges and Furnaces*. Swank, *History of the Manufacturing of Iron*, 158, は，ライト周辺以外はこの製鉄所をフェデラル・フォージと呼んでいたとしている。泥土については William Erwin to SGW, May 11, 1824; SGW ledger 1824-1830; agreements signed by Caleb Shreeve, Jr., June 28, 1831, and Samuel C. Hill, August 14, 1826, WFP.

24) Barnard to SGW, March 24, 1824, WFP.

25) Barnard to SGW, June 16, October 21, 1822, June 16, 1823, January 26, September 18, 1825, January 15, February 26, 1826, WFP.

は，製鉄所の中核を担う労働者の振舞いであった。22年11月にライトはロバート・ダウンズをデラウェア製鉄所に送ったが，彼は鋳造総担当（founder）と炉係（keeper）の両方を同時に担当する（製鉄の作業全体の統括と，12時間交代で炉を監視し，溶解した鉄分を炉から生子銑鉄の型へと流すタイミングを判断する）と宣言し，バーナードは，その2つの仕事はそもそも兼任できるのかと首をかしげた。ダウンズ，もう1人の炉係ウィリアム・スティッツァー，投入係ヒュー・マクメノニー，トーマス・チャールズワースという中核労働者のグループはうまく機能せず，詳細は不明だが，仲たがいが起きてチャールズワースとスティッツァーは持ち場を飛び出してしまう。両名が戻ってくるとダウンズはスティッツァーを殴り，またマクメノニーとトーマス・アダムズという労働者は「強情を張り続けた」。バーナードは「罰するというよりは，権威をもつ者には敬意が払われるべきなのに，連中はその［権威をもつ者に対して］威圧をしようとしている，と残りの者に納得させるために，連中を見せしめにすることを決め」て，ダウンズ，マクメノニー，アダムズに対する執行令状を保安官に出させた。アダムズは悔い改めたが，ダウンズとマクメノニーはデラウェア製鉄所を去った。次の鋳造総担当と炉係の組もまた，うまくいかなかった。「鋳物工の間ではよく知られたことです」とバーナードは書いている。「炉係たちは持ち場を離れてひとしきり遊びに行き，休むために戻ってくるのです」。バーナードが安心できるようになったのは，リチャーズ一家のバトスト製鉄所から，ジェシおよびサミュエル・ピーターソンという兄弟がデラウェア製鉄所に移ってからだった[26]。

　また，この製鉄所の鋳物工たちは，20年前のマーサ製鉄所の熟練労働者ほどには，雇用が安定しているとは考えていなかったようである。彼らは，デラウェア製鉄所を解雇されたときにはニュージャージーの製鉄所ですでに製品生産が始まっていて，募集がないのではないかと恐れていた。ニュージ

26）ダウンズ他については，Dixon, "Organizational Structure and Marketing," 19-21; Bezis-Selfa, *Forging America*, 201-203; Barnard to SGW, October 14, November 4, December 23（引用）, 30, 31, 1822, January 11, 1823, July 8（引用）, 23, September 15, October 19, 1823, WFP.

ャージーの製鉄所が生産を始めるという噂が届くと，彼らは仕事に熱が入らなくなった。鋳物工は「解雇につながるようなことを何でもやってもよいと考え出す……ああいう心持ちの労働者によい仕事をさせるのは，どんな管理人にも無理」なのである。むろん，もともとやる気が伴わない鋳物工もあった。J・ハーヴェイは「ただただ約束するばかりで，毎日準備は整っているとか，毎日さあ始めようかとかいう具合なものの，本当に始めることは絶対にない」。遠方から来る鋳物工にも問題があった。マサチューセッツの鋳物工ベラ・キングマンは，ライトが経営に関わる前にデラウェア製鉄所で働いたことがあり，1822年，再び働きに来ようと持ちかけてきたが，いざ到着してみると，鋳物の型に使う砂の種類がマサチューセッツとは違うために，彼とその仲間は使い物にならなかった。よい鋳物工を雇えないなら，儲けのよい鋳物をあきらめて生子銑鉄の生産に特化するしかない，とバーナードは訴えた。生産期間を調整することは，労働者が仕事に集中する環境をつくるための，防御的な措置となったのである[27]。

　ドーヴァー製鉄所を操業することで，実際に成果も上がった。デラウェア製鉄所での生産が一段落すると，労働者たちはニュージャージー側の製鉄所に移動するか別の仕事を探す際に，フィラデルフィアのライトの店に立ち寄り，支払いを受けるようになった。ライトの店の責任者ウィリアム・ポッターは，両製鉄所について受領証帳を別々につけていたが，そこにはバーナードの手紙に登場する労働者の名前を何人か見出しうる。ジョン・ヘンドリック・シニアがよい例である。1828年5月10日，ヘンドリックはデラウェア製鉄所での仕事の支払いを受けている。9月26日に彼は10ドルほど給料の先払いを受け，鋳物工としてドーヴァー製鉄所に出かけていった。翌年1月23日，彼はフィラデルフィアに現れ，過去4ヶ月のニュージャージーでの

---

27) Dixon, "Organizational Structure and Marketing," 19-39; Bezis-Selfa, *Forging America*, 204-207; Derick Barnard to SGW, March 24, 29, May 31, July 19, 1824. 鋳物工を集めることの難しさ，J・ハーヴェイ，キングマンについて以下を参照。Barnard to SGW, July 20, October 18, 19, 22, 1823; Barnard to SGW, June 2, 1823（引用）; Bela Kingman to SGW, August 8, 26, September 11, October 2, 24, 29, 1822; December 8, 1823, WFP. 非熟練労働者も働く場所を変えている。泥土掘りのモーゼス・バークレイはニュージャージー州クロスウィックスでライトのために泥土を掘り，のちにはデラウェア製鉄所に現れている。John G. Smith to SGW, February 24, 1822, WFP.

仕事の支払いを受けた。3日後，彼は今度はデラウェア製鉄所に向かって出発している。彼の家族はフィラデルフィアに住んでおり，妻，息子，2人の娘は毎週ライトの店を訪れて，彼の名義で1回に5ドルずつ現金を受け取っている。また，鋳物工以外の労働者も，新しい製鉄所に雇用の可能性を見出している。投入担当や木炭生産の担当の者も，1826年8月，デラウェア製鉄所からドーヴァー製鉄所に向かったことが記録からわかる[28]。

1830年代までに，生産のタイミングをずらすことで，熟練労働者の安定的雇用が実現されるようになった。これらの労働者は継続的雇用を求め，ライトの製鉄所への依存を深めていた。1832年にドーヴァー製鉄所のある鋳物工がデラウェア製鉄所の鋳物工に書いた手紙は，そのよい証拠である。労働者たちがやりとりする手紙から，ドーヴァー製鉄所が十分な数の鋳物工を雇い，今デラウェア製鉄所で働いている者は雇われない，という噂が広まった。ライトの息子で1830年代にはバーナードと製鉄所を共同管理していたガーディナー・ライトによれば，これに動揺する者は多かった。鋳物工たちは，「ドーヴァーに帰ったときに仕事がないならこの製鉄所を辞める……父上のところで7ないし8年にわたり働いてきたのに，今放り出されるのはひどい」と主張したという。注文のある製品に応じて，2つの製鉄所は鋳物工を相互にやりとりしていた。1832年2月，ガーディナー・ライトは鋳物工1名をデラウェア製鉄所に派遣するよう求めたが，S・ピーターソンを外すよう求めた。彼は「普通の仕事には納得しないから」である。1833年1月，ガーディナー・ライトは「ジョン・ブランソン［ドーヴァー製鉄所の管理人］に鋳物工2～3名を送ってくれるよう手紙を書きました。できれば中子工（core maker）がほしいです。管の仕事が入るので」と述べている。ガーディナーは翌年にも2名の派遣を求めているが，「鉄板工でないといけない」と書き添えている。他の製鉄所に雇用を求めることは理論的には可能とはいえ，熟練労働者のライトの製鉄所への依存は高まっていたと言いうるだろう。2つの製鉄所は労働力のやりとりに加えて，鉄を固める鋳型のやりと

---

28) Dover Furnace receipt book 1825-1832; Delaware Furnace receipt book, 1828-1830, 1829-1835; Derick Barnard to William Potter, October 31, 1827; Derick Barnard to SGW, August 2, 1826, October 31, December 16, 1827, March 8, July 7, October 18, 1829, WFP.

りもしていた[29]。

第3節　ライトの森林所有地

1. 森林地の利用——薪と造船

19世紀前半のニュージャージーの経済活動の中心は間違いなく農業であったが，林業（薪や木炭の生産を含む）の比重は，州南部とその他の地域でかなりの違いがあった。ダイアン・リンドストロームの算出によると，1840年時点で，州南部のカウンティ（モンマス，バーリントン，グロスター，セイラム，カンバーランド，アトランティック，ケープ・メイ）では，林業は地元の経済活動による所得のうち，8～17パーセントを占めていた。州都トレントンが工業都市になろうとしていた州中央部のマーサー・カウンティでは，地元経済への林業の貢献は2.1パーセントで，州北部の農業地域にあるハンタードン・カウンティでも，林業による所得は2.49パーセントにとどまった[30]。州南部では，地勢や都市市場へのアクセスに恵まれれば，林業が経済に占める比重が高くても不思議ではない。だがこの地域の林業は特定の分野に比重が置かれ，特定のタイミングで盛んになった。本節ではライトが1820年代，30年代に自分の森林を利用した方法を検討し，林業に対する需要の高まり方の一端と，農村型事業の関係を確認する。彼の試みの1つひとつは極めて小規模だが，集合的に見れば，そこにパターンを見出すことができる。

第一に，ライトは1810年代のアララト会社と同じく，自分の森林で薪を生産した。ライトはグロスター・カウンティとバーリントン・カウンティの境界近くにあるグロスター・プレイスという土地（現在ではアトランティック・カウンティ）を1825年に手に入れ，薪を作ることにした（図3-3）。グロスター・カウンティはバーリントン，モンマス，ケープ・メイなどのカウ

---

29) Bezís-Selfa, *Forging America*, 208-209; Gardiner H. Wright to William Potter, December 25, 1831, January 1, February 19（引用），May 17（引用），November 14, 1832, January 9（引用），16, 30, 1833, March 5, 1834（引用），WFP.

30) Diane Lindstrom, *Economic Development in the Philadelphia Region*, Table 5.1（p. 124），より計算。

ンティとともに、パイン・バレンズの一部だった。19世紀の史書によれば、1813年にリチャーズ家のジョン・リチャーズがグロスター製鉄所を設けるまで、この土地には人が住んでいなかった。グロスター・プレイスはこの製鉄所のすぐ隣にある1200～1500エーカーに及ぶ土地で、森林地、低湿の草地、沼沢があり、大西洋に注ぐリトル・エッグ・ハーバー川の支流ランディング川に接していた。またこの土地にはクラークズ・ランディングという船着場があり、薪を作って出荷するのに適していた。そして1834年発行の地名辞典によれば、外部の市場向けの薪が「この地域の最も価値ある製品」であった[31]。

　この土地の開発の進め方は、1813～14年にアララト会社を作ったときと似た部分もあり、違う部分もあった。アララトでは、ライトは外から労働者を雇うとともに地元の農民も雇い、その後にジェイムズ・アップルゲイトを出来高払いで雇い、アララトに住むことを認めた。グロスター・プレイスでも、ライトはサミュエル・リッジウェイという人物を雇って、伐採と搬送をさせている。ただ、1825年12月8日付の契約書を見ると、リッジウェイの仕事内容は、アップルゲイトのそれ以上に具体的に定められている。リッジウェイは「当該場所で最善の形で農業を行い、柵・水路・草地を維持する」とある。ライトとリッジウェイは農場を営むための費用と、土地にかかる税金、また栽培される作物を折半するとされた。農場の分益借りに見られるパターンといえる。アップルゲイトは主に薪作りの監督役として雇われたと思われるが、リッジウェイは薪作りと分益借地農民の両方として関わり、土地の維持管理を積極的に行い、利益を上げることが期待されていた。加えて、契約期間の長さにも違いがある。アップルゲイトは契約期間が短く、事業も3年しか続かなかったが、ライトはリッジウェイが10年間にわたって土地の管理をすることを認めている。バーリントン・カウンティで泥土を掘っていたスタックハウスも農場の管理を同時に行うとされていたことから見て、

---

31)　John W. Barber and Henry Howe, *Historical Collections of New Jersey* (1868; reprint, Spartanberg, S.C.: The Reprint Company, 1966), 70; agreement between John Richards and SGW, May 29, 1839, WFP; Thomas F. Gordon, *Gazetteer of the State of New Jersey* (Trenton: Daniel Fenton, 1834), 147; Pierce, *Family Empire*, 255-256.

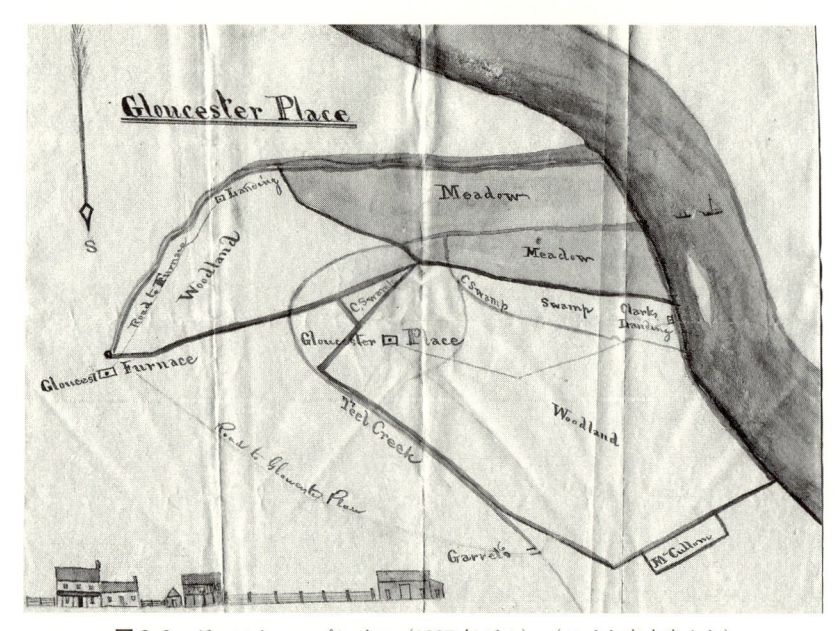

図 3-3 グロスター・プレイス（1837 年ごろ）（ライト家文書より）
Ink-and-wash Map of Gloucester Place, ca. 1837, in Box 6, Agreement A-ML, Wright Family Papers (acc. 1665), Hagley Museum and Library.

　このような農場の分益貸し（share）は，農業以外の事業に農民を雇い入れるのに，一般的に用いられた方法の1つと見てよいだろう[32]。

　農場の管理とその他の労働を条件に土地を分益貸しするというこのような事例については，貸す側の志向を，いずれの労働・作業に重点が置かれたかで推測することができるだろう。当初，リッジウェイとライトは，契約書どおりに経費と作物を折半した。リッジウェイは1826年に，302ポンド半の牛肉をメリノ・ヒル農場に持参している。だがその後は，農場からの収益を折半する記録はなく，ライトに対する支払いは，木の伐採として記入されている。ライトとリッジウェイは27年に追加の契約を結び，リッジウェイは薪1束あたり1ドルの支払いを受けること，また支払いなしで農場を自由に利用できることを認められた。薪の売り上げ収益は，ライトが土地所有者と

---

[32]　Agreement between SGW and Samuel Ridgway, December 8, 1825, WFP.

して束あたり1ドルを差し引いた後で，リッジウェイとライトで折半するとされている。ライトにとっては薪作りを進めることが重みを増して，農場は収益源としては重視されていなかった。にもかかわらず農場ごと貸す契約を結ぶ点が，以前の時代からの農村での農場賃貸のパターンを引きずっていると考えられよう。リッジウェイの仕事にライトが満足していたかは史料からはわからないが，1827年の決算書類では，リッジウェイは778束の薪を作ったと記録されている[33]。

この薪がどこに持ち込まれたかは，不十分ながら史料が教えてくれる。1827年と翌28年，ライトは薪を運搬するために2隻の船を雇い，1830年にはさらにトムズ・リヴァーの商人と契約している。契約した船長のうち1名（ジョン・カーライル）は，ライトの薪をニューヨークないしはホーボーケンに運送する，と契約の中に具体的に書いている。カーライルは1827年に500束を運んだが，カーライルの船に薪を積み込むよう伝えたライトからリッジウェイへの指示には，この薪は「蒸気船会社」用だと明記されている。ホーボーケンのスティーヴンス家はニューヨークまで蒸気船を走らせ，またその他さまざまに蒸気船事業に乗り出していたので，1810年代の事業が短命に終わった後も，ライトは薪を蒸気船会社に送らせていたと考えてよいだろう[34]。

だが，カーライルの手紙に「クラークズ・ランディングの薪について私にお任せいただけるようなら，……できるだけ早くお知らせいただきたい」とあるように，ライトは薪の搬送業者を自由に選べた。この点，ジェイムズ・アップルゲイトに配送を依存したアララト会社の場合とは異なっている。毎

---

33) Agreement between SGW and Ridgway, no date; SGW ledger 1824-1830, 52, WFP. 植民地時代のペンシルヴェニアでは，農場を貸し出す契約において，樹木の伐採は当該農場での生活に必要な程度に限ると記されていた。Lucy Simler, "Tenancy in Colonial Pennsylvania: The Case of Chester County," *William and Mary Quarterly* 43: 4 (October 1986), 558.

34) Agreement between John Carlisle and SGW, February 23, and September 24, 1827; John Carlisle to SGW, March 15, 1828, WFP. スティーヴンス家についてはDorothy Gregg, "John Stevens: General Entrepreneur 1749-1838," in *Men in Business: Essays in the History of Entrepreneurship*, ed. William Miller (Cambridge, Mass.: Harvard University Press, 1952), 120-152; Roy L. DuBois, "John Stevens: Transportation Pioneer" (Ph.D. diss., New York University, 1973) を参照。

年新しい相手と契約することも，薪の値段を設定することもできたので，翌年に彼が第二の業者ウィリアム・ギバーソンと契約したのも不自然ではない。ギバーソンが誰に薪を売ったかは不明だが，ライトは彼の仕事に納得したようで，1831年まで彼と契約を続けている。第三の運送業者は，トムズ・リヴァーの商人イフレイム・ポッターである。ポッターは4隻の船を所有し，ニュージャージー南部とニューヨークの間を走らせ，蒸気船用の薪を供給していた。彼は1830年，トムズ・リヴァー地域でもグロスター・プレイスでも，ライトから薪を買い取っている。当時の地名辞典の言葉を借りると，南ニュージャージーのさまざまな場所で作られた薪は，トムズ・リヴァーから「毎年搬送される，価値20万ドル以上の材木と薪」の一部をなしていた。そして誰がそれを買うかは，薪の所有者にはわからないこともあったといえる[35]。

　第二に，ライトはグロスター・プレイスの樹木を使って65トンのスクーナー船を建造させた。木の切り出しをしたのはサミュエル・リッジウェイである。1828年，彼とライトは船の建造のために木を取り置くこと，ライトが鉄や大釘その他の材料を用意することを取り決めた。デイヴィッド・サッチャーに製塩施設を作らせたときと同じく，コストを最小限にしようという発想が働いているようである[36]。

　造船はニュージャージー南部では植民地時代から行われていた。だが，船を雇って薪を運ばせ，販売価格も自分で決めることができたのに，なぜ船が必要だったのだろうか。実は船を必要としたのは薪ではなく，製鉄所であった。デラウェア製鉄所からの書簡によれば，鉄製品を定期的に搬出することと，貝殻（融剤として用いられた），食料，その他必要品をタイミングよく受け取ることは，製鉄所の重大な関心事だった。1823年，同製鉄所の管理人デリック・バーナードは，少なくともスループ船・スクーナー船6隻を雇

---

35) Agreement between William Giberson and SGW, July 2, 1828; settlement with Wm. Giberson, September 28, 1831; Samuel Gouverneur to SGW, November 22, December 9, 1830; agreement between Ephraim Potter and SGW, July 24, November 17, 1830, and September 28, 1831; SGW ledger 1824-1830, 44, 113, 128, WFP; Gordon, *Gazetteer*, 250.

36) SGW ledger 1824-1830, 54; agreement between Ridgway and SGW, February 23, 1828, WFP.

って各種の輸送を行ったが，この輸送態勢には決して納得していなかった。潮が低いと，船によっては，製鉄所のある入り江までインディアン川を遡行するのが難しかった。特にバーナードは，E・スパイサー号という船を，積載量いっぱいに荷を積むと適切に航海のできない，危険な船であると考えていた。1825年3月には，この船は「まったく安全でなく，何にも向いていない……もしここにやってきたら，可能なかぎり早く切り捨てる」と書いている。だが搬送の都合でどうにもならなかったようで，1年2ヶ月後，彼はこの船に34トンの生子銑鉄を載せることを余儀なくされた。また船ではなく船長が問題であることもあった。1821年，デラウェア製鉄所を建設したウィリアム・D・ウェイプルズは，ポール・ウェイプルズという名の地元の船長を，「まったく信用の置けない男」と評している。だが彼の名は数多くの手紙に言及があり，使わないですますことはできなかった。そして運賃をめぐる交渉の問題もあった。鋳物の運賃について「2ドル50［セント］で十分だと思うのですが」と書くのは製鉄所管理人を務めていたジョン・G・スミスである。だが，「バートン［船長の名］は3ドル未満では引き受けない，と聞いています」。加えて，管理人はライトが運搬船の選択に合意するよう，気を配らなければならなかった[37]。

　自前の船を持つことは，鉄製品，日用品，融剤である貝殻，そしてのちにかけては鉄鉱石の輸送手段を確保することを意味していた。船があれば製鉄所管理人は運賃の交渉をする必要がなくなり，自分が高く評価する船長を雇うこともできた。1820年代，ライトとデラウェア製鉄所はスループ船を増やしていった。1821年6月，ウィリアム・D・ウェイプルズはライトに，製鉄所用に共同で船をもう1隻所有しないかと持ちかけている。1822年と24年にウェイプルズは船大工を雇って船を建造した。25年，デリック・バーナードは船を買うことはできないかと繰り返し尋ね，船を建造するようライトを説得するのに成功する。グロスター・プレイスにあるライトの木々を船の建造に使う，という1828年の取り決めは，ライトの製鉄所での必要に

---

37) William D. Waples to SGW, June 16, July 31, 1821; Derick Barnard to SGW, October 14, 1822, May 25, 1823, March 26, 1825, May 15, 1826; John G. Smith to SGW, February 24, 1822, WFP.

対応していたのだった。輸送すべき物資が多い場合は，そのつど船を雇うのではなく，船を所有するほうが理にかなうとされたのである。ここには規模の問題が絡んでいるといえよう[38]。

2. 森林地の利用──都市向け木炭生産

森林の第三の活用法は，都市市場向けの木炭の生産である。ニュージャージー南部の製鉄所は，植民地時代以来，鉄分を泥土から溶かし出すのに木炭を利用していた。運送コストを考えて製鉄所の近辺で行われた木炭生産は，熟練を要する作業であった。伐採夫が長さをそろえて木を切ると，炭焼きと助手たちはそれを山形に組み上げ，土や砂，木炭の粉などで覆う。ついで中央の煙突部に焚き付けを入れて煙出しの穴を最小限にし，内側で木を蒸し焼きにする。炭焼きと助手は煙出しの穴から上る煙を見張り，内部で木が燃えてしまわないよう注意する。木炭が出来上がるまでは14日程度かかる[39]。

興味深いことに，この時期の木炭需要の高まりは，この地域の新展開に対応していた。都市で新しい燃料，すなわち無煙炭が利用され始めたことである。1820年には，ペンシルヴェニア州スクールキル，ラッカワナ，リーハイの炭鉱から採掘された無煙炭は365トンにすぎなかったが，10年後，それは17万4734トンに増えていた。科学者たちは実験を行い，無煙炭が木よりもずっと効率的で，かつ安価な燃料であることを証明した。発明家たちは，無煙炭の効率的な利用を謳って多くの家庭用調理ストーヴを考案し，「よい調理を促すこと以外はすべて考えられています」，とある料理本の著者が皮肉を言うほどだった[40]。だが無煙炭は加熱しないと火がつかないため，無煙

---

38) William D. Waples to SGW, June 28, 1821, June 16, 30, July 30, 1822, June 13, 1824; Derick Barnard to SGW, June 24, 1824, May 29, June 2, 19, 1825, WFP.

39) Robert J. Sim and Harry B. Weiss, *Charcoal Burning in New Jersey from Early Times to the Present* (Trenton: New Jersey Agricultural Society, 1955), 20-31; Gordon, *American Iron*, 33-36.

40) *Journal of the American Institute in the City of New York* 1: 9 (June 1836): 484; Marcus Bull, *Experiments to Determine the Comparative Value of the Principal Varieties of Fuel Used in the United States, and also in Europe* (Philadelphia: Judah Dobson, 1827); [A Lady], *The Housekeeper's Book, Comprising Advice on the Conduct of Household Affairs in General* (Philadelphia: William Marshall & Co., 1837), 32; Wilson, *The Jersey Shore*, vol. 1: 361-366.

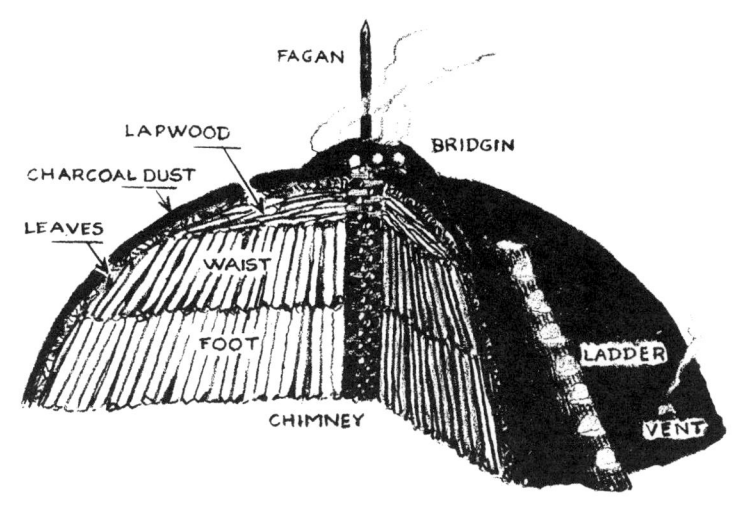

第3節　ライトの森林所有地　　　　143

図 3-4　木炭の生産法（断面図）
Edwin Tunis, *Colonial Craftsmen and the Beginning of American Industry* (New York: Thomas Y. Crowell Company, 1965), 149.

炭の利用が一気に一般化したわけではない。新聞と家事作法書は火のつけ方を指南する記事を掲載したが，そこで，無煙炭を加熱する燃料として木炭を挙げたのである。またフィラデルフィアの雑誌によれば，石炭では調理に必要以上の熱が出るため，「当地では，夏の間はもっぱら木炭しか使わない調理用ストーヴが，1000台を下りません」。新しい商品に目ざとい商人にとっては，ニュージャージー州南部のような森林地帯から木炭を都市市場に輸送することは，理にかなっていた。ライトは州内の港町ニュー・ブランズウィックの商人と結んで，木炭生産，輸送事業に乗り出す[41]。

契約ではライトの仕事は，モンマス・カウンティ内のグリーンウッドとい

---

41) Frederick M. Binder, "Anthracite Coal Enters the American Home," *Pennsylvania Magazine of History and Biography* 82: 1 (January 1958): 82-99; Sean Patrick Adams, *Old Dominion, Industrial Commonwealth: Coal, Politics, and Economy in Antebellum America* (Baltimore: Johns Hopkins University Press, 2004), 49-80; idem, "Warming the Poor and Growing Consumers: Fuel Philanthropy in the Early Republic's Urban North," *Journal of American History* 95: 1 (June 2008): 81-89; Gordon, *Gazetteer*, 2-3; *Philadelphia Gazette and Daily Advertiser*, October 17, 1826; Robert Roberts, *The House Servant's Directory, or a Monitor for Private Families* (Boston: Munroe & Francis, 1827), 159-173; "Pine Lands of New Jersey," *Hazard's Register of Pennsylvania* 4: 4 (July 25, 1829): 63.

う名の土地で木炭の生産を監督し、月あたり1万ブッシェルの木炭を、同カウンティのフォークト・リヴァーにある波止場まで輸送することであった。これは厄介な仕事ではなかったはずである。この地域には製鉄所が多数操業していたので、木炭生産も定着していた。製鉄所に小麦粉、牛肉、その他の食料を提供する地元農家も少なくなかった。彼は人を雇い入れ、また食料がグリーンウッドに届くよう手配すればよかった[42]。彼の相方となって、フォークト・リヴァーからニューヨークまで木炭の運搬を手配する仕事を請け負ったのは、ジョン・H・ボストウィックである。彼はニュー・ブランズウィックのラリタン川に接した自分の商店では、材木やスクールキル産出の石炭などを販売していたので、森で作られる燃料をもう1種類取り扱っても不思議ではなかった。当初の契約期間は1828年7月1日から12月1日までだったが、ライトは彼との契約を1回更新している[43]。

　ライトの側の作業については帳簿が1冊残っており、グリーンウッドで労働がどのように組織されていたか、不完全ながら分析することができる。ライトは1828年、29年の2年間で、147名の労働者をこの事業に雇っている。すべての種類の労働の詳細がわかるわけではないし、なかには労働した記録が一切ない人物もあって、食料や物資を買いに来ただけの客である可能性もあるが、その数は多くないので分析に支障はきたさない。労働者がこなした仕事を、彼らが雇用関係を清算した月ごとに分類すると、表3-1のようになる。

　木の伐採という非熟練作業は冬に集中的に行われた。伐採は1828年2月、多数の伐採夫を1束（128立方フィートに相当）あたり40セント（のち35セント）で短期雇用して始まった。147名中少なくとも68名は伐採夫で、他の仕事は何もしていない。1828年に伐採夫だったうち27名は同年6月ま

---

42) SGW ledger 1824-1830, 86, 94, 123, 130, 139, 148; John H. Bostwick to SGW, October 27, 1828, WFP; Doerflinger, "Rural Capitalism," 13; Michael V. Kennedy, "Furnace to Farm: Capital, Labor, and Markets in the Pennsylvania Iron Industry, 1716-1789" (Ph.D. diss., Lehigh University, 1996); receipts from millers Thomas Miller, Caleb Ivins, and Peter Crozier to Dover Furnace manager, WFP.

43) ボストウィックについて、*Fredonian*, April 5, 12, June 28, July 26, November 22, 1826, October 1, 1828, に掲載の広告を参照。

第3節 ライトの森林所有地

表3-1 グリーンウッドで1828年,29年に行われた作業の種類と人数(契約終了の月ごとの分類)

1828年 帳簿に最後の記入があった,あるいは契約の終了した月

月	2	3	4	5	6	7	8	9	10	11	12
伐採	6	13	5	2	1	0	1	0	0	1	1
輸送	0	0	0	0	0	0	0	1	0	1	0
炭焼き	0	0	0	0	0	0	0	0	0	0	0
複数	0	0	0	0	2	0	0	0	0	3	0
その他	2	3	2	1	0	0	0	1	0	1	0
小計	8	16	7	3	3	0	1	2	0	6	1

1829年 帳簿に最後の記入があった,あるいは契約の終了した月

月	1	2	3	4	5	6	7	8	9	10	11	12	1830*
伐採	1	1	8	4	2	0	0	3	0	2	7	8	2
輸送	0	0	0	1	0	0	0	1	0	0	0	11	1
炭焼き	0	0	0	0	0	0	0	0	0	0	0	2	0
複数	1	0	0	1	2	0	1	1	0	0	0	5	3
その他	1	0	1	0	2	0	5	4	0	0	3	15	1
小計	3	1	9	6	6	0	6	9	0	2	10	41	7

注:帳簿の記載が翌月7日までの場合,前の月の末で雇用関係が終了したとして計算。「その他」には物資運送,荷の上げ下ろし,フォークト・リヴァーでの作業などが,「炭焼き」には砂や土などを木の山にかぶせる,煙を監視するなど,炭焼きに関係する作業が含まれる。
 *:帳簿上の最後の記録が1830年の初めの数ヵ月付になっている者。
出所:Greenwood charcoal-making ledger, WFP.

でに解雇され,翌年も16名が1月から5月までに辞めている。彼らがどこから来たかは明らかではないが,うち何名かは,ライトが同カウンティ内に所有していたドーヴァー製鉄所から来たと確認できる。1828年には,同製鉄所から最低8名がグリーンウッドに来て2月から3月末まで伐採をし,彼らの取引記録はドーヴァー製鉄所の帳簿に転記された。同年10月にも,同製鉄所の人間が再びグリーンウッドに出向いて,伐採をしている。おそらく彼らは製鉄所でも伐採を担当しており,製鉄所の火が落ちている冬場に追加の伐採の仕事を引き受け,また伐採した木の蓄えがグリーンウッドで少なくなると,出張してきたのだろう。製鉄所の火が落ちても伐採夫を解雇せず,製鉄所の操業再開まで別の仕事を与えることは,先述の鋳物工の場合同様,フルタイムの労働者をライトの事業に引きつけ続ける効果があるといえる。なお,表3-1の「複数」というカテゴリーに含まれるのは,グリーンウッドで夏まで,追加の伐採に加えてその他にも仕事を行った者である。地元の農

園主で製材業のアイザイア・リーヴスは，木の伐採から伐採係の宿泊の世話，板材の用意，ラバのための干し草の運搬，またパートタイムの御者として木炭2山の輸送まで，さまざまな仕事をしている。ウィリアム・スプリングスティーンとジョン・ジョセフの2名は木の伐採の他，1828年7月にそれぞれ2日と4分の3，また4日と4分の1，道路の整備にあたった[44]。

帳簿からは熟練労働者の名前もわかる。炭焼きのヘンリー・ムーアと助手は，おそらく春の到来とともに仕事を始めた。ムーアは28年に6万3140ブッシェル，29年には15万7375ブッシェルの木炭を生産して，ブッシェルあたり2と4分の1セントのクレジットを受けている。波止場への木炭の輸送というもう1つの熟練作業については，より多くのことがわかる。28年6月1日以降11月までに，フルタイムの御者は1名から4名に増え，29年には最低5名，最大8名が4月から11月まで，月10ドルで輸送にあたった。ホレイショ・ヘイズは28年4月後半から8月1日まで3ヵ月と7日間輸送にあたり，ジョージ・ティモンズは29年5月後半から12月24日まで，7ヵ月と5日間この仕事にあたった[45]。

むろん，全部の労働者がドーヴァー製鉄所からやってきたわけではない。帳簿を照合すると，147名中の8名はグリーンウッドに加え，ライトのメリノ・ヒル農場でも働いていたことが判明する。先述の御者ジョージ・ティモンズを含む2名は，グリーンウッド，メリノ・ヒル農場，ドーヴァー製鉄所の3ヶ所で働いていた。8名中3名は木の伐採をし，4名は御者をした。ベンジャミン・パーカーは1825年9月からメリノ・ヒル農場で働き，28年2月14日から4月30日まで，また同年10月4日から翌年5月29日まで，グリーンウッドで伐採をした。ウィリアム・タイスは28年3月10日から9ヵ月間メリノ・ヒル農場で働き，翌年4月4日から12月12日まで木炭の輸送をした。また，アーロン・ブラウンは地元の靴職人だったと思われる。29年1月と31年1月に彼はメリノ・ヒル農場向けに靴，ブーツ，スリッパを作り，また靴の修理をしてクレジットを受けているが，29年には4月11日から12月12日まで木炭の輸送をした。これらの面々は，ある年には農業労

---

44) Greenwood charcoal-making ledger, 1, 4, 5, 10, 18, 20, 23, 27, 35, WFP.
45) Ibid., 23, 25, 34, 110.

働者ないし職人として地元民同士で物資や労働をやりとりし，翌年は賃金労働者として働いたのである。彼らは，1820年代末でも農業と農村型事業を隔てる壁が低いままであり続けたこと，仕事の種類は多様ながら，ライトに雇用され続けることで農村労働者たちが生活していたことを，証明する存在である。この点で，木の伐採が冬から初春に設定されていて農民が参加しやすかったことも興味深い。ライトの農場でも働いていた3名の伐採夫は，麦や干し草の刈り入れに忙しかっただろう夏場には，グリーンウッドでの伐採をしていない[46]。

　ライトの木炭生産事業はこのように，ドーヴァー製鉄所およびメリノ・ヒル農場と労働力を共有し，農村の労働力を通年で有効に活用していた。だが事業のパートナーから見れば，ライトの事業編成への評価はおのずから異なる。ジョン・ボストウィックはライトの労働者の仕事を評価しなかった。木炭のニューヨークへの輸送が1828年6月1日に始まると，ボストウィックは受け渡しがうまくいっていない，と手紙で怒りをあらわにした。第一に，彼は木炭を運搬船に載せる係を雇うことになっており，ライトによる契約の要約によれば，「彼の担当者は私の同意により，共通の担当者であった」。ライトの御者たちはこの点がわかっていない，とボストウィックは書いている。担当者の助けを借りて「御者たちは船に木炭を積み込むはずでした」が，「連中はこれを拒否しています……全部置き去りにしていきました」。御者を協力させるように，とボストウィックは申し入れたが，ライトの状況把握は違っていた。彼によれば，ボストウィックが「自分でもわかっていたとおり，船はしばしば何日も来なかったし，来たときには［他の荷で］満杯になっていた」のだった。船の到着と波止場への木炭輸送との時間調整はなされず，また木炭は優先的な積荷ですらなかったのである。御者は船に積み込めない木炭を波止場に置いていき，ライトの言葉では「波止場から100ヤード以上の距離で地面が木炭に覆われた」。あちこちから馬車がやってくるにつれ，不可避的に馬車は「木炭を踏みつけにし」，「多大な損害が出た」のであ

---

46) Ibid., 1, 16, 19, 42, 53, 72, 88, 89, 99; SGW ledger 1824-1830, 13, 15, 23, 36, 79, 92, 93, 125, 133, 140, 143, WFP.

る[47]。

　第二に，木炭は土や燃えさしの木片，そして砂を大量に含んでいた。最初の積み荷では「砂が木炭と同じ重さだった」とボストウィックは主張している。砂と土を木炭から掻き出させるとは契約に反する，と彼が苦情を言うと，御者たちはフォークト・リヴァーまで10マイルも木炭を運んでいる，とライトは言い返した。きれいな木炭も輸送の途中で少々汚れ，くずれる，ということであろうが，ボストウィックはライトのほうが「1マイル運ぶごとに多大な損失が出ると考えておかねばならない」，また「炭焼きが言を左右して，自分の測定を私の損に仕向けている」，と反論を受け付けなかった。実際，木炭の質の悪さは重大な問題だった。グリーンウッドでの測定と，ニューヨークでのそれとで，差が生じかねないからである。木炭の量はフォークト・リヴァーで測定すべきだ，とボストウィックは要求した。さらに彼は，枯れ木はよい木炭にならない，また長さも不ぞろいだと指摘し，炭焼きのヘンリー・ムーアの責任であるとして改善を求めている[48]。

　ライトとボストウィックは問題解決の努力をした。彼らは2名の信頼できる人物が木炭を測定することを申し合わせ，ライトは2年目には，森の中で木炭を箱詰めする監督係を雇うことに同意した。また彼は馬と馬車に投資し，フォークト・リヴァーに木炭保管庫を建て，波止場を修繕し，新しい道路・連絡路を切り開いて，橋もかけた。自分の農場の労働者を御者に雇ったのも，木炭が傷まないようにとの配慮だったかもしれない。だが事態は改善しなかった。契約では200ブッシェルは燃え残りの木炭分として考慮するという取り決めがあったが，解決には資さなかった。輸送開始の4ヵ月後，フォークト・リヴァーで木炭を土などから選り分けても，やはり「ニューヨークで船から降ろす前に……何度も掻き分けねばならなかった」。翌年になっても，ボストウィックの代理人デイヴィッド・ネヴィウスは木炭の汚さに驚いている。一方ライトは，ボストウィックが事前の相談なしにネヴィウスを雇った

---

47)　John H. Bostwick to SGW, June 19, 1828; Wright's memorandum on the production and delivery of charcoal for the first year, WFP.

48)　Bostwick to SGW, June 21, 1828. 輸送中の木炭の破損しやすさは，ヴァージニアに産した瀝青炭と共通する特徴である。Adams, *Old Dominion, Industrial Commonwealth*, 39.

と不満をもらし，彼の木炭の測定の仕方にも文句があった。「彼は木炭をゆすってしまう」，とライトは述べている。「ブッシェル単位どころか，1000 ブッシェル単位で無駄にしていると私は思う」[49]。

いさかいの原因の1つは，おそらく木炭が商品として新しい販路に乗せられたことにあると考えられる。農村の製鉄所向けに地元生産される木炭は，一般の商品のような流通路に乗っていなかった。製鉄所の監督は炭焼きがいくら請求するか気をもんだが，木炭の質についてはほとんど口にしていない。製鉄所は大量の木炭を，鉄分を含んだ泥土と一緒に炉に入れるのであり，そこでは木炭片1つひとつの品質は問われない[50]。だがニューヨークでは，家庭用に販売される木炭は，買いに来る客の目に魅力的でなければならなかっただろう。ボストウィックが木炭から砂を掻き出したのには，理由があったと思われる。都市では，買い手は製鉄所よりずっと少量の木炭を所望していて，また他の店の木炭とも比べられるので，汚れた木炭には手を出さなかったのだ。ニュージャージー南部の炭焼きがこの点を意識していたかどうかは明らかではない[51]。

グリーンウッドでの木炭事業は，結局うまくいかなかった。29年にボストウィックは，重量と品質をめぐる言い争いに飽き飽きしてくる。年末にかけてネヴィウスは，木炭によっては掻き出しと輸送を放棄してフォークト・リヴァーに放置し[52]，またボストウィックはライトへの資金提供を拒む。同年末にニューヨークで彼に面会したライトは，ボストウィックがライトたち

---

49) Bostwick to SGW, June 19, 21, September 12, October 27, 1828, October 4, 28, 1829; Bill for Bostwick's debt to SGW and Charles Higbee; Wright's memoranda on the production and delivery of charcoal, for the first and second years; agreement between SGW and John H. Bostwick, January 20, 1828 and January 20, 1829; David Nevius to SGW, April 20, 1829, WFP.

50) Derick Barnard to SGW, November 24, 1822, February 4, 23, 1823, May 20, June 4, 7, 14, July 5, 12, 13, 17, 1824, WFP. 燃料の効率を検討した科学者マーカス・ブルは，木炭に砂や土が混じると効率が落ちることを指摘し，砂を使わずに木炭を作る方法を議論した。彼の発言は製鉄所の監督に向けたものである。Bull, *Experiments*, 51-60.

51) 石炭の燃えさしに関する以下の発言は，木炭にもあてはまるだろう。「通りに転がっているのを毎日目にする石炭の燃えさしだが……拾い集めれば数多くの貧しい家庭の燃料となるだろう。だが……燃えさしはあまりに灰まみれで灰を取り除くのは難しく，使用人たちはそれをしない」。Roberts, *The House Servant's Directory*, 166.

52) Bostwick to SGW, October 28, 1829; David Nevius to SGW, April 20, 1829, WFP.

を「契約から放り出す決意でいる」ことを知る。「彼自身いやになっていることがよくわかった」とライトは書き残している。フォークト・リヴァーの保管庫には8000ブッシェルの木炭が残っていた。ライトは馬，馬車，その他の用具を1830年3月に競売に付したが，収益は1463ドルにとどまり，7台の大型馬車への投資 (3091ドル) にも満たなかった。彼はやがてボストウィックを訴え，1832年には，損失を取り戻すべく，ボストウィックに借りのある者を追いかけることになる[53]。

第4節 結論

都市市場からのニュージャージーの農村に対する需要は，1820～30年代にかけて継続・増加し，また多様化したといえる。蒸気船の運航が増えて，燃料薪の需要は増加しただろう。また，無煙炭の流入によって木炭の需要が増したのもよい例である。それに対して，ライトは自ら所有する土地の資源をさまざまに利用して物資を生産し，また供給手段の確保を図った。

この時期，ライトの事業活動は活発だったといえる。製鉄所の熟練労働者を次第にライトに依存させ確保するなど，農村型事業の枠から外れる側面も見えるが，その事業は依然として，農業と共存することを前提に行われている。所有地の泥土や木材を採取する労働力を雇用する際に，その作業のみを目的に雇用するのではなく，農場ごと分益貸ししている点は，農場管理と事業関連の労働がセットになっていることを意味する。また事業に関係する作業は，農閑期の冬場に集中気味になる。これにより農村の住民は，製鉄業，農場，樹木伐採，御者など，継続的に何らかの仕事に雇われる。加えて大事なことは，生産・輸送のいずれの部分も，相互に独立していて，その事業を重視しないかもしれない業者間の契約に，依存していた点である。つまり，

---

53) Wright's memoranda on the production and delivery of charcoal; bill for John H. Bostwick against Charles Higbee and SGW; records of public sale, March 1830; Charles Higbee to SGW, December 15, 1829, June 22, 1830, July 12, 28, August 19, and December 2, 1831; Derick Barnard to SGW, February 28, March 1, 14, 20, 1832, Caleb S. Leyton to SGW, March 3, November 24, December 1, 1832; Barnard to Gardiner H. Wright, September, 26, 1832, WFP.

第4節 結論

タイムリーかつ質のよい仕事が行われない可能性をはらんでいたのである。その状況下でも，効率的運営を目指す試みも散見される。適当な熟練労働力を確保するのには，製鉄所を2つ持つのが有効であった。適当な輸送担当者を確保するのには，自前の船を所有するのが1つの解決策だった。規模の拡大によって問題の解決を試みたのである。

　こうした解決法は，事業主の資本投下が増大していく傾向をはらむ点が共通している。次章では，こういった状態のまま，世紀中ごろにかけて事業を継続することが可能だったのかどうかを検討したい。

第 4 章

地下資源(その2)
―― 区域間連結の稠密化と農村型事業の限界,
1830～40 年代

19世紀前半のニュージャージーの代表的な製鉄業者だったリチャーズ家の1人で，主力製鉄所の1つであるバトスト製鉄所（Batsto Furnace）を管理していたジェシ・リチャーズは，1830年5月12日付で，鋳物工トーマス・モンゴメリーとその仲間たちについて，管理日誌にこう書いている。「ここ数日というもの，連中の言い表すところでは仕事をしているというのだが，仕事半分，遊び半分というのが実際のところだ（時間を見よ）」。日誌と同じ帳簿にある労働時間簿では，モンゴメリーの分の同日の記載は，全日労働を意味する「1」ではなく，「1/2」となっている。日誌の文面から判断して，モンゴメリーは実際には丸1日仕事に従事したが，リチャーズの考えるところの労働の「質」が，労働時間簿の記載値に反映されたと考えられる。非熟練の泥土掘りについても，1832年5月5日付で，「泥土掘りは土曜に働くとして製鉄所に来たが，午後をのらくらし通したので，来週の時間より1人あたり半日ずつ差し引く」というメモがある。木炭係にも同じ方針は徹底していて，1830年10月7日付で「ジョン・ボリンは，木炭の少な［くしか入っていな］かった27山について，賃金を差し引いて半分とし，13と半日分とする」という記載がある。こうした記載には，労働のあり方を統制しようというリチャーズの意志がよく表れている。1830年代前半のバトスト製鉄所では，労働者が個々のペースや流儀で働くことは，まったく肯定されていない[1]。

働きぶりが評価されない場合，バトスト製鉄所の労働者は，より非熟練的な仕事に配置換えされたり，職を失ったりした。ウィレット・サザードは1831年9月に雇用されてフルタイムの御者をしていたが，彼は32年3月には「馬車を壊し」，4月には「ひどくのらくらしていて，時間の半分ほどの仕事ぶり」だった。6月26日に彼は「解雇」され，同年7月，8月には木炭生産にまわる。9月以降，バトストで働いた証拠はない。6月の「解雇」は

---

1) Memoranda May 12, 1830, and time entry May 1830, remarks on ore raiser's time 1832, and collier's time 1830, in Time Book 1830-1833, item 46, Batsto Iron and Glass Works Account Books, New Jersey State Archives, Trenton, N.J.

研究者トーマス・ドァフリンガーの言う「儀礼的解雇」と考えることも可能だが，9月以降の事態は，それがどこまで「儀礼」であったか，疑問を投げかける。また中核部署の1つである投入係を担当していたサミュエル・コアは，1831年8月に深酒し，8月2日からの6日間連続欠勤を含め，3回にわたり仕事をしなかった。これは製鉄所の労働者に時折見られる仕事ぶりだったが，彼は翌月には投入係の仕事から離れる。翌32年10月に彼は製鉄所に復帰するが，担当した仕事は投入係ではなく，木炭生産であった[2]。

このように1830年代のバトスト製鉄所は，ドァフリンガーが「分散型で，厳格でない」労働力管理のもとで「うまくいっていた」と評する1800年代，10年代の同州の製鉄所とは，違った場所になっていた。20年前にはよく見られた「儀礼的解雇」は1830年代にも見られ，飲酒という行為自体が禁じられることもなかった。またパートタイム労働者に対しても同様に厳しい管理が行われたかどうかは，史料からは判別できない。だが熟練・非熟練を問わず，フルタイム労働者の労働の質は厳しく監督されたのである。ライトの製鉄所の熟練労働者たちがライトに雇用を依存しつつあったことの延長に，このような厳しい管理の出現を考えることは，決して無理のあることではない[3]。

だが，こうした労務管理の厳格化によってニュージャージー州南部の製鉄所が生産の効率化を成し遂げたかといえば，それは十分に検討することはできない。この地域の製鉄所は，19世紀中ごろまでに，ほぼすべて廃業してしまうからである。他地域では多くの製鉄所が世紀後半も操業していくが，そこでは労働の質以外にも，非常に多くの面で操業内容が変化している。したがって，ニュージャージー南部の製鉄所が行きづまる原因は，労働の質のみに帰すのではなく，農村型事業を取り巻く経済的な状況全般の変容に求め

---

2) Ibid., memoranda, March 2, April 27, 1832, time entries September December 1831, January-June 1832, August-September 1831, Collier's time 1832 and 1833.

3) Thomas Doerflinger, "Rural Capitalism in Iron Country: Staffing a Forest Factory, 1808-1815," *William and Mary Quarterly* 59: 1 (January 2002): 3-38, 8（引用），30（引用）; John Bezis-Selfa, *Forging America: Ironworkers, Adventurers, and the Industrious Revolution* (Ithaca: Cornell University Press, 2004), 190-218; 拙稿「一九世紀前半のアメリカ合衆国における農村型事業の変質 ニュージャージー州南部の製鉄所における労働管理」『千葉史学』55（2009年11月），13-24。

られなければならない[4]。本章ではこの問題について，サムエル・ライトを中心に置きながら，ジェシ・リチャーズなど，他の製鉄業者の事例で補って検討したい。以下では製鉄所で生産される鉄の品質の問題を取り上げ，鉱石そのものの質や，製鉄所の立地や鉄製品に要求される特質などに照らして，ニュージャージー南部の製鉄所が不利であったことを論じる。もちろん，事業家たちは対策をとった。自分たちに向いた特定の製品に生産を絞る試みもなされたし，鉄の品質を改善するために鉱石の入手先を増やすことも試された。製鉄業者は中部大西洋岸地域内部の交通網が稠密になり，また拡大していくのを利用して，より遠方から資源を入手しようと図った。だがこの過程で，製鉄所は地元の環境に根ざした産業としての性格を薄めていかざるを得ない。取引先の増大は，都市と農村，また遠方の農村同士の関係が密になっていく過程の一部をなしていた。それを支えるための資金的裏付けをもてなかったことが，最終的に農村型事業の限界になる。

第1節　鉄鉱入手ネットワークの拡大

1. 鉄鉱の質をめぐる問題

バトスト製鉄所管理人のジェシ・リチャーズは，州内南部のバーゲンという名の製鉄所について，1844年に以下のように述べている。

> ブリック氏［バーゲン製鉄所の所有者］は，彼が使っている鉄鉱からではよい銑鉄を作れず，よい鉄を作るに見合う条件では，よい鉄鉱を入手できない。彼の製鉄所は陸地に囲い込まれており，私が「常温で脆い(cold short)」と呼んでいる，近隣産の，最悪の種類の鉄分含有泥土を使うしかない。彼が現在所有している製鉄所は私が建設したのだが，鉄の品質のゆえに放棄したのだ[5]。

---

4) この点について文献は枚挙に暇がないが，とりあえず以下を参照。Paul F. Paskoff, *Industrial Evolution: Organization, Structure, and Growth of the Pennsylvania Iron Industry, 1750-1860* (Baltimore: Johns Hopkins University Press, 1982), 61-134; Robert B. Gordon, *American Iron, 1607-1900* (Baltimore: Johns Hopkins University Press, 1996), 125-170; Allan Nevins, *Abram S. Hewitt, with Some Account of Peter Cooper* (New York: Harper, 1935), 74-125.

第1節　鉄鉱入手ネットワークの拡大

　ニュージャージー南部の製鉄所は，独力では長くは立ち行かなくなるという弱点を抱えていた。この書簡からは，その理由が2つうかがい知れる。第一の理由は，地元で取れる鉄分の質の悪さ（「常温で脆い」こと）である。世紀後半の地質調査報告書は，地元の泥土は鉄分含有度が「低く」，硫黄と三価リンを多く含むと指摘している。硫黄分が多いと，常温でも脆い鉄になってしまうのである。ちなみに，このように質の問題を気にしたのはリチャーズだけではない。ニュージャージー州南部のグロスター・カウンティにあったエトナ製鉄所の監督ジョン・ハウエルは，製鉄所の鉄に「小さなくず片が生じてしまっていたが，ねずみ鉄（gray iron）の場合，これはどうしようもない」と指摘している。デラウェア製鉄所のデリック・バーナードも，同製鉄所で作られる鋳物の質の低さを，絶えず気にしていた。地元の泥土を使うと白色でなく，ねずみ色の鉄になる，と彼も報告している。こうした懸念には，鉄分の組成上の理由があった。ねずみ色は，鉄内部の炭素が凝固の際に黒鉛化することで現れる。炭素を化合させて鉄酸化物セメンタイトにすれば黒鉛は晶出せず，鉄は白色になるが，これには凝固時に急激に冷却することが必要で，しかもこうした組成上の原理は，当時は十分に解明されていなかった[6]。

　第二の理由は，地元の資源に頼らずに操業を続けることの経済的な難しさ

---

5) Jesse Richards to John C. Hains, July 29, 1844, Jesse Richards Letterbook 1840-1869, Richards Family Papers, Special Collections and University Archives, Rutgers University Library.

6) John L. Howell to Morris & Coates, June 21, 1823, Howell Family Papers, Gloucester County Historical Society; Bernard to SGW, March 29, May 31, 1824, January 15, 1826; Gardiner H. Wright to William Potter, March 26, 1832, WFP; George H. Cook, *Geology of New Jersey* (Newark: The Daily Advertiser Office, 1868), 668. 州政府による州内地質調査の活発化について，以下を参照。Sean Patrick Adams, *Old Dominion, Industrial Commonwealth: Coal, Politics, and Economy in Antebellum America* (Baltimore: Johns Hopkins University Press, 2004), 119-151; Gordon, *American Iron*, 309, 311; Frederick Overman, *The Manufacture of Iron, in All Its Various Branches* (Philadelphia: Henry C. Baird, 1854), 218-219. 冶金学的情報は長崎誠三他編『材料名の事典』（アグネ技術センター，1995年），171, 182より。ジェシ・リチャーズはバーゲン製鉄所をワシントン製鉄所という名で1814年に設立したが，3年後に操業を止めている。Arthur D. Pierce, *Iron in the Pines: The Story of New Jersey's Ghost Towns and Bog Iron* (New Brunswick: Rutgers University Press, 1957), 16.

である。地元の泥土を使わないなら，都市や遠方の鉱山から鉄鉱石を入手して用いるほかない。しかもそれら外部の鉄鉱を，経済的に見合うよう安価に入手せねばならないのである。州内の製鉄業では筆頭格だったリチャーズ家も，1820年代中ごろ，後半までにはデラウェア川流域に加えて，ペンシルヴェニア州東部を流れるスクールキル川の流域から鉱石を購入していた。多方面から鉄鉱を入手して利用するのが難しい製鉄所については，彼らは見切りをつけていたのである。陸上輸送という高コストな手間をかけないと他地域の鉱石を加えられず，鉄製品の質を引き上げられないバーゲン製鉄所は，経営するに値しないと見なされていた[7]。

　多くの製鉄所にとって，鉄の質を確保するには，他地域の鉄鉱を活用する以外に選択肢はなかった。エトナ製鉄所のハウエルによれば，「唯一の解決法は，上質の鉄を加えることだ。……製鉄所がねずみ鉄を生産している場合，［鋳物の］重量は［平均より］低くなる。もし上質なら，平均より大きくなる」。また製品ごとに特定の質の鉄が求められていて，そのためにも鉄の品質を管理することは大事だった。デラウェア製鉄所の管理に携わっていたガーディナー・ライトは，「管に適した鉄はストーヴには適さない……どうしても，鉄板が反ってしまい，くだける」と1832年3月に書いている。製鉄所で作られる製品の種類が増えるにつれ，製鉄業者は製品それぞれに最も適した品質の鉄を得るため，さまざまな泥土，鉱石を混ぜ合わせるようになる。となると，1つの製鉄所で同時に管とストーヴを作るのは，製品のためにならなかった。「私たちは管と箱を作って，ストーヴはドーヴァーに任せてもよいでしょう」というガーディナーの提案は，ライトの受け入れるところだったようである。デラウェア製鉄所はこの後2年間，水道管・ガス管と，ニュージャージー州刑務所およびカウンティ拘置所用の天窓，ドア枠の生産に，仕事を絞っているのである。入手する鉄の種類も，製鉄所ごとに変えていったと思われる[8]。

---

7) Ore carting record, 1821-1824, WFP; agreement between Benjamin B. Howell and Samuel Richards, December 9, 1829, Samuel Richards Papers, Historical Society of Pennsylvania; Victor S. Clark, *History of Manufactures in the United States*, 3 vols. (Washington, D.C.: The Carnegie Institution Press, 1929), 1: 496.

2. 他地域からの鉄鉱の入手——隣接州と州北部

地元の泥土の質の低さと，特定の種類の鉄への需要の高まりを受けて，農村の事業家は複数の，製鉄所から離れた土地に産する鉄鉱石に目を向けた。ライトは鉄鉱入手先として2箇所から鉄鉱石の取り寄せを試みている。これによって，近隣の資源を活用するという農村型事業の基本的な方針は，さらに修正されていく。

第一の取り寄せ先はハドソン渓谷の鉱床であった。史料からは，ライトが契約した何隻かの船がハドソン川をさかのぼり，ニューヨーク州パトナム・カウンティのコールド・スプリングまで，鉱石を受け取りに向かったことがわかる。コールド・スプリングはウェスト・ポイント鋳造場という大規模な鋳造場があったことで知られる村である。このカウンティに鉱床を所有していたサミュエル・L・グヴァヌアが初めてライトに接触したのは1823年だが，ライトがハドソン渓谷から鉱石の入手を図るのは1827年以降，特に1829年と30年である。リチャーズ家の製鉄所もハドソン川に目を向け，コールド・スプリングに船を出していた[9]。

ライトがグヴァヌアからどれほど鉱石を買ったかは不明だが，グヴァヌアの書簡からは，この取引をルーティン化するのは難しかったことがわかる。長距離の輸送は，関係者全員の利害の一致があって，初めて可能になる。グヴァヌアは鉱石の掘り出しがすみ次第，鉱石の採掘夫を解雇することを望み，また採掘した鉱石を，冬にハドソン川が凍結する前にすべて売却したかった。だが輸送船の船長は，風向きがよくないときに川を遡行することに難色を示し，グヴァヌアをやきもきさせた。グヴァヌアは，ライトがトムズ・リヴァ

---

8) John L. Howell to Morris & Coates, June 21, 1823, Howell Family Papers; Gardiner H. Wright to William Potter, March 26, 1832, WFP. 技能的な得意・不得意のある鋳物工を2つの製鉄所間で移動させる必要がなくなる，という意味にこの発言を解釈することもできなくはないが，この発言が1832年のものであることは考えるべきである。鋳物工がライトの製鉄所での継続雇用を求めていることを報告する書簡（前章注29）も，同じ1832年に書かれている。ガーディナー・ライトの今回の発言は，鋳物工が安定的に確保されているという前提でなされたと考えるべきであろう。

9) パトナム・カウンティとその鉱床については William J. Blake, *The History of Putnam County, N. Y.* (New York: Baker and Scribner, 1849), 17-77, esp. 74-75; J. Disturnell, *A Gazetteer of the State of New York* (Albany: J. Disturnell, 1842), 20-21, 126-127, 335 を参照。

一地域でより多くの船を雇って，ニューヨークで蒸気船用の薪を荷降ろしした後，コールド・スプリングに足を伸ばさせてはどうか，と提案している。だがライトは，多くの船を雇って使うことには積極的ではなかった[10]。

　鉄鉱石の不足に対応すべく，ハドソン渓谷に加えてライトはニュージャージー州北部のモリス・カウンティにも手を広げ，鉱石の確保を図る。まず，1820年代までのモリス・カウンティの製鉄業を取り巻く，歴史的な背景を確認しておこう。モリス・カウンティには，ニュージャージーとニューヨークの州境をまたぐ磁鉄鉱の鉱床が走っていた。18世紀中ごろにドイツ出身のピーター・ヘイゼンクリーヴァーが最初の製鉄所を建設したのを皮切りに，この地域では早くから鉄鉱石の採掘と製鉄が行われていた。ヘイゼンクリーヴァーの助手をしていたジョン・ジェイコブ・ファーシュは，マウント・ホープという鉱床を1772年に借り受けて製鉄所を建て，世紀末に死去するまでに，同カウンティの代表的な製鉄業者になる。地元の地主サミュエル・フォードも，1770年にハイバーニアという鉱床を開発し始めた。この鉱床とそこに建てられた製鉄所の所有権は，この地域の所有権を持っていた東ジャージー領有者評議会と，製鉄に興味を示し，土地を買い取ろうと考えた同会メンバーとの間で転々とした。独立戦争中は，ハイバーニア製鉄所は戦争に加担して砲弾を生産している。独立後に，アレクサンダー・ハミルトンが有名な製造業報告書を作成するために各州の製造業について調査をした際，ニュージャージーでは回答を寄せたのは，このカウンティのみであった[11]。

　1810年代前半には製鉄業に期待が高まった。1812年戦争が勃発すると，

---

10) Samuel Gouverneur to SGW, July 16, August 1, 1823, June 10, 1829, July 26, November 22, December 9, 1830, WFP.

11) Gordon, *American Iron*, 68-69; Irene D. Neu, "The Iron Plantations of Colonial New York," *New York History* 33: 1 (January 1952): 3-24; idem, "Hudson Valley Extractive Industries Before 1815," in *Business Enterprise in Early New York*, ed. Joseph R. Frese, S. J. and Jacob Judd (Tarrytown: The Sleepy Hollow Press, 1979), 133-165; George H. Danforth, "Lord Stirling's Hibernia Furnace," *Proceedings of New Jersey Historical Society* 71: 3 (July 1953): 174-186; Thomas Doerflinger, "Hibernia Furnace During the Revolution," *New Jersey History* 90: 2 (Summer 1972): 97-114; *History of Morris County, New Jersey* (New York: W. W. Munsell & Co., 1882), 53-55, 62-66; Charles S. Boyer, *Early Forges and Furnaces in New Jersey* (Philadelphia: University of Pennsylvania Press, 1931), 92-99, 136-139; Silas Condict to Aaron Dunham, August 25, 1791, in *The Papers of Alexander Hamilton*, vol. 9,

第1節　鉄鉱入手ネットワークの拡大

貿易が縮小して海外から鉄が流入しなくなった。製鉄業者の申告によると，1812年戦争中，棒鉄の価格はトンあたり115ドルだった。140ドルという数字を挙げる者すらある。戦争前のニューヨーク価格は102ドル50セントなので，10ドル以上の利益を追加で見込めたことになる。この需要に応えようと，モリス・カウンティでは製鉄所の建設が進んだ。このカウンティの製鉄所も州南部と同様，溶鉱炉の建設に加えて，鉱石の鉱床と燃料源である森林を確保するために広大な用地が必要で，さらに製鉄所内に農場が併設されている。1820年の工業センサスに回答した17の製鉄所のうちでは，資本投下が1万ドルを超えるものが8つに及ぶ。州内の工業都市パターソンに出現した繊維工場の資本投下は2万ドルから7万ドルに達したので，製鉄所への資本投下はそれに比べれば小さい。しかしその他の地域的な製造業に比べれば，製鉄所はずっと大規模であった。同センサスに記録のあるリンゴ酒の生産も，皮なめしの作業場も，モリス・カウンティでは資本投下がいずれも400〜4200ドル程度だった[12]。

だが戦争終結後に外国産の鉄との競争が再開すると，1820年代にかけて輸入棒鉄の価格は最安値が75ドルを切るところまで落ちた。多くの国内製鉄業者は棒鉄を80ドル台，90ドル台で販売せざるを得ず，苦しむことになる。1820年には多くの製鉄業者が，現状では投下した資本の利子がやっと払えるか，足りないと報告している。なかには完全に没落する者もあり，製

---

ed. Harold C. Cyrett and Jacob E. Cooke (New York: Columbia University Press, 1965), 193-194; Thomas F. Gordon, *Gazetteer of the State of New Jersey* (Trenton: Daniel Fenton, 1834), 184-185.

12) United States, Census Office, *Records of the 1820 Census of Manufactures*, National Archives Microfilm Publications, M0279 (Washington, D.C.: National Archives, 1964), reel 17 (Morris and Essex Counties, New Jersey). パターソンの繊維工場の投下資本額は，No. 23 (D. Holsmar), No. 28 (owner unspecified), Patterson [sic], Essex County より。モリス・カウンティのリンゴ酒生産と皮なめしの投下資本額は，No. 71 (tabulating many establishments), Chatham and Morris Townships, Morris County より。棒鉄価格の情報はいずれもモリス・カウンティのJohn C. Doughty (No. 67, Jefferson Township) およびWilliam Jackson (No. 51, Pequannot Township) の回答からで，ニューヨークでの国内産棒鉄の最高価格と一致する。なおフィラデルフィアでは国内産棒鉄は1815年3月に短期間ながら最大価格155ドルを記録している。Arthur Harrison Cole, *Wholesale Commodity Prices in the United States 1700-1861: Statistical Supplement, Actual Wholesale Price of Various Commodities* (Cambridge, Mass.: Harvard University Press, 1938), 160, 164, 174.

鉄所は「資本家の手に渡るが，彼らは自分で事業を手がけるのには前向きでない」のだった。多くの業者は支出の削減を図り，製鉄所の一部であった農場での食料栽培に頼った。火事や出水が頻繁に起きることに加えて，鉱石，木材，食料を他人から購入するのは，この時期には，負担が大きいとされたのである。地元の業者の1人の言葉では，1820年代にはモリス・カウンティでは製鉄業は「はなはだ衰退して」いた[13]。

1810年代，20年代，このカウンティの製鉄関係者は，より遠方の地域とネットワークを作って，状況を打開しようと図っていた。マウント・ホープやハイバーニアの製鉄所は1820年代末までに閉鎖されたが，鉱床自体は価値があると見なされていた。1822年には，このカウンティを通ってニューアークに至る運河の掘削計画が持ち上がる。最初に運河の掘削を考えたとされる住民ジョージ・P・マカロックは，ニューヨーク市場へのアクセスが改善されれば，地域の農業が活性化すると主張した。だが運河建設の推進を求める声が地元で本格的になり，政治家も議論に参加し始めると，農業は取り上げられなくなる。運河のもたらす利益に浴するとされたのは，もっぱら地元の製鉄業であった。ペンシルヴェニア州リーハイ地方の無煙炭を取り寄せることで，地元の製鉄が再度盛んになるというのだった（図4-1, 2）[14]。

運河推進派は，モリス運河を通じてモリス・カウンティとペンシルヴェニアとの間で新しいネットワークが作られ，またニューヨークとのそれはいっそう強化されると考えていた。だが実際には，この運河はその他にもネットワークを生み出した。運河がペンシルヴェニア州イーストンに達して無煙炭の輸送が始まるまで，事前の想定よりも時間がかかったが，1829年には，モリス・カウンティを含む部分がニューアークまで部分的開通にこぎ着けた。モリス・カウンティの製鉄業者は当面，無煙炭ではなく，ニューアーク経由でヴァージニアなどの瀝青炭を取り寄せて操業を続けたが，運河の恩恵を受

---

13) United States, Census Office, *Records of the 1820 Census of Manufactures*, microfilm reel 17 (Morris County, New Jersey). 数値および引用はいずれも同カウンティのDoughty と Jackson（注12を参照）の回答から。ニューヨークでの鉄の価格については，Cole, *Wholesale Commodity Prices*, 198, 203, 207, 211, を参照。

14) Horace Jerome Cranmer, "The New Jersey Canals: State Policy and Private Enterprise, 1820-1832" (Ph.D. diss., Columbia University, 1955), 69-112.

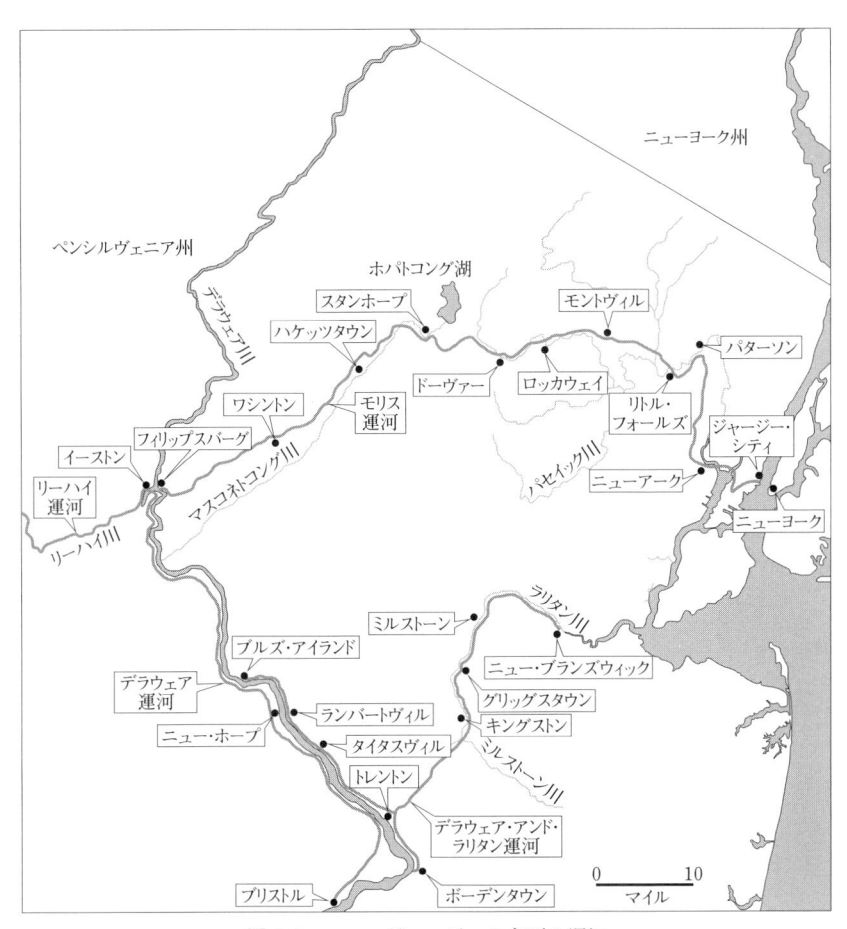

第1節　鉄鉱入手ネットワークの拡大　　　　　　　　　　　163

図 4-1　ニュージャージーの主要2運河

Maxine N. Lurie and Peter O. Wacker, eds., *Mapping New Jersey: An Evolving Landscape* (New Brunswick: Rutgers University Press, 2009), 136 より作成。

図 4-2　モリス運河を進むボート

John W. Barber and Henry Howe, *Historical Collections of New Jersey*（1868; reprint, Spartanburg, S.C.: The Reprint Company, 1966), 398.

けたのは彼らだけではない。モリス運河から離れた州南部の製鉄業者も，同運河を早くから利用し，運河推進派の想定とは異なったネットワークを形成したのである。1831年の同運河の通行記録によると，同年の船舶通行数は，双方向を合わせて延べ1027に上るが，うち340は同カウンティ内のブーントン・ロッカウェイ・ドーヴァーで鉄および鉄鉱石を積んで，ニューアークに向かった船である。同カウンティの鉄鉱石は，運河を通じて他地域に輸送される主要物品となったのであり，それを入手した中にはライトも含まれていた。モリス・カウンティのロッカウェイに圧延工場を所有していたジョセフ・ジャクソンが1830年から32年までニューアークに鉄鉱石を送り，ライトは船を回してそれを受け取ったのである[15]。

また業者から鉄鉱石を買い付けるにとどまらず，彼はモリス・カウンティでの鉄鉱石採掘にも投資を始めた。彼はサミュエル・リチャーズ，トーマス・リチャーズに加え，1809年からマウント・ホープ鉱床を部分的に所有していたニューヨーク州オレンジ・カウンティのモーゼス・フィリップスと手を組み，1831年11月，州議会でマウント・ホープ鉱業会社を設立させる。

---

[15] Robert Geelan, "Early Traffic on the Morris Canal," *Canal History and Technology Proceedings* 12（1993): 91; Gordon, *Gazetteer*, 15; Joseph Jackson to SGW, November 25, 1830, April 11, 18, August 25, 1831, April 18, October 30, 1832, WFP; *History of Morris County*, 55.

第1節　鉄鉱入手ネットワークの拡大　　　　　　　　　165

　フィリップスはライトと2人のリチャーズに，自分がマウント・ホープに持っていた土地の3分の2，合計2600エーカーを売却していた。この会社に加え，ライトは地元の地主で州裁判所判事のゲイブリエル・フォードから，ハイバーニア鉱床の借り受けをした。2年後には，ライトと2人のリチャーズは，毎年250トンの鉄鉱石をフォードに渡すという条件で，7年契約でハイバーニア鉱床が走る土地をさらに多く借り受けした。このような投資の背景には，鉱石の価格に対する意識もあったと思われる。前記ジャクソンはトンあたり4ドル50セントでの販売を持ちかけたが，ハドソン渓谷のグヴァヌアが打診した価格は，現金支払いでトンあたり5ドル，4ヶ月の信用払いだとトンあたり6ドルであった。モリス・カウンティの鉱石のほうが安いうえに，自ら採掘を手がければ，さらに安価に入手できるのである[16]。

　製鉄所を運営していくうち，ライトの事業活動からは，自分自身が地元に持つ資源を活用する，という農村型事業の基礎的な特徴が薄れていったといえる。水運を利用すれば輸送経費が安いので，彼は次第に，自分の農場や製鉄所から遠く離れた人物と取引するようになった。モリス運河の開通により，州内陸部の人物との間で，ニューヨーク湾を経由する取引も始まる。このように，ライトは地域内における区域間連結の進行を体現していたのである。製鉄業は，彼のような人物の取引を通じて，ニュージャージー南部と北部を，ニュージャージー北部とペンシルヴェニア州リーハイ地方の石炭産出地域と

---

16) Agreement between Gabriel H. Ford and SGW, March 1, 1830; Ford's memoranda, September 10, 1831; agreement between Ford, Samuel and Thomas Richards, and SGW, December 10, 1832, Ford Family Papers, Morristown National Historic Park; agreement between Moses Phillips, SGW, and Samuel and Thomas Richards, December 14, 1830; article of copartnership between SGW, Samuel Richards, and Moses Phillips, undated; Samuel Gouverneur to SGW, July 26, 1830; Gardiner Wright to William Potter, November 13, 22, 1831, March 18, May 30, October 30, November 25, 1832, February 13, 1833, WFP; Kenneth Hanson, "Richard and Mount Hope: Two New Jersey Iron Mines," *Canal History and Technology Proceedings* 5 (1986): 47-61, esp. 53; United States, Census Office, *Records of the 1820 Census of Manufactures*, microfilm reel 17 (Joseph Jackson's reply, Morris County, New Jersey); James M. Ransom, *Vanishing Ironworks of the Ramapos: The Story of Forges, Furnaces, and Mines of the New Jersey-New York Border Area* (New Brunswick: Rutgers University Press, 1966), 103; John W. Barber and Henry Howe, *Historical Collections of the State of New Jersey* (1868; reprint, Spartanburg, S.C.: The Reprint Company, 1966), 398.

を，結びつけようとしていた。こうした取引のネットワークはやがて中部大西洋地域全体に及んで，集合的には同地域内のどの部分も，域内の他の区域に経済的に依存するようになっていく。

だが，農村型事業はこの流れに合わせながら，いつまで事業として存続できただろうか。薪や木炭の生産のような小規模な事業の場合，これまで見てきたとおり，他区域から資源を取り寄せて事業を継続する段階に至らず，数年で事業をたたんでしまうことが多かった。より投資規模が大きい製鉄業の場合，事業を続けようとする姿勢はより強かったと考えうる。農村型事業の可能性と構造的限界は製鉄業において試されたと考えて，この産業を中心に，いかなる要因が作用したかを以下で検討しよう。ライトがその流れについていけず，多大な損害を出す経緯にも触れたい。

第2節　事業からの撤退

1. 農村部製鉄所の構造的限界

1820年代，都市部で鉄製品への需要が高まって，製鉄所は鋤，釜，鍋など以前からの製品に加えて，新しい製品を作るようになった。先に見たとおり，都市では無煙炭と木炭の利用，また調理用ストーヴの使用の一般化が同時に進んでいた。調理用ストーヴはニュージャージーの製鉄所がよく生産した製品の1つである。ストーヴの部品は一様で，生産に特殊な器具を必要としなかった。また都市に加え，農村部の小さな町からもストーヴの注文が入った。たとえば，ニュー・ブランズウィックのリチャード・マンリーは1831年，ライトにストーヴとパン焼き用鉄板を注文し，委託販売しようと提案した。さらに，農場の帳簿によると，1820年代には19名，30年代には37名がメリノ・ヒル農場で調理用ストーヴを購入している。ライトの農場は，非公式にはストーヴ販売所でもあったのである[17]。

---

17) Richard Manley to SGW, October 24, 1831, September 4, 1832; SGW ledgers 1824-1830, and 1831-1834, WFP; John D. Tyler, "Technological Development: Agent of Change in Style and Form of Domestic Iron Castings," in *Technological Innovation and Decorative Arts*, ed. Ian M. G. Quimby and Polly Anne Earl (Charlottesville; University Press of Virginia,

都市の自治体政府も鉄製品を注文した。この当時、都市では古い木製の水道管を、鉄製の管に切り替え始めていた。鉄商人で製鉄所所有者だったサミュエル・リチャーズは1818年、20インチ水道管を鋳造してフィラデルフィア市に納めている。彼はその後20年間、フィラデルフィア、ニューヨーク、オルバニー、トロイ、ウェスト・ポイント、ニューオーリンズ、ヴァージニア州リッチモンドとリンチバーグ、デラウェア州ウィルミントンといった都市向けに、水道管を作り続ける[18]。

自治体からの水道管の注文は大規模で、製鉄所にとってはあつらえ向きの仕事であった。この製品用に資源をそろえるにあたっては、農村部の溶鉱炉が持つ構造上の制限は問題にならなかったからである。農村部製鉄所は、サミュエル・リチャーズ自身の言葉によれば、「必然的に遠くの離れたところに」建てられていたので、さまざまな形態の鋳物の注文が短い納期で少量ずつ入るのを、あまり喜ばなかった。加熱炉のサイズの都合上、1日に作られる生子銑鉄（pig iron）6トンのうち、3分の1から半分しか錬鉄（wrought iron）に加工できなかった。しかも小規模な注文の場合、注文ごとにたくさんの鋳型を都市から取り寄せねばならなかった。また鋳物工にはそれぞれ得手・不得手があるので、1名の鋳物工にさまざまな製品を作らせるのは得策ではなかった。仮に農村部の製鉄所がこうした注文への対応を業務の中心に据えていたなら、製鉄所の所有者は炉に火が入っている間（通常は6〜9ヶ月間）を通して、非常に多くの鋳物工を雇っておかねばならなかったはずで、経済的とはいいがたい。このような注文に関しては、都市の鋳物工場のほう

1974), 155. なお、基本的にはニューヨークからフィラデルフィアにかけての地域が販売の中心だったが、遠く離れたメイン州にもライトのストーヴは販売されている。Howell J. Harris, "Inventing the U.S. Stove Industry, c. 1825-1875: Making and Selling the First Universal Consumer Durable," *Business History Review* 82: 4 (Winter 2008): 705-708.

18) *Report of the Watering Committee to the Select and Common Councils* [of the City of Philadelphia], January 22, 1818 (Philadelphia: William Fry, 1818), 3; Ibid., February 10, 1820 (Philadelphia: Lydia R. Bailey, 1820), 3, 12-13; miscellaneous contracts for water pipes, Samuel Richards Papers. フィラデルフィアの水道供給について、Edgar P. Richardson, "The Athens of America, 1800-1825," in *Philadelphia: A 300-Year History*, ed. Richard F. Weigley, Nicholas B. Wainwright, and Edwin Wolf, 2nd (New York: Norton, 1982), 226-230. Gerald T. Koeppel, *Water for Gotham: A History* (Princeton: Princeton University Press, 2000), 114, も参照。

がずっと適任だった。都市では「どんな，どれだけ新奇なあるいは普通でない注文でもこなすべく，適当な労働者を短時間で集められ，求められるどんな鋳型も作り，製造のために求められるどんな手配もすることができる」。リチャーズの見るところ，農村部の場合は「特定の種の仕事向けに製鉄所を設定し，それにこだわっていくのが賢明」であった[19]。

　リチャーズの見解はライトの製鉄所によく当てはまる。デラウェア製鉄所が水道管に，ドーヴァー製鉄所がストーヴの生産に特化したことは確認したとおりである。1820年代の間にデラウェア製鉄所は，鉄を融解して注文の製品に最適な混合鉄を得るためのキューポラを加え，鋳物工場の色彩を強めた[20]。だがこうした微調整は，泥土と木炭を用いる製鉄所，そして農村型事業そのものにとって前提であった立地の利を，消してしまう可能性をもっていた。1833年11月，ガーディナー・ライトはフィラデルフィアの父に4トン半のねずみ生子銑鉄を送ったが，「スコットランドの銑鉄は使い切りました……が，私の送ったねずみ銑鉄も同等によいです」とコメントしている。デラウェア製鉄所は，キューポラで国内産の鉄と混合するために，外国産鉄を利用するところまで至っていたのである。冶金学的な一般則はといえば，のちの時代のガイドブックがまとめて見せるとおり，「いかなる状況下でも，1つひとつを別個に計測してみてのいろいろな鉄の強さ合計より，一緒に融解させた混合鉄のほうがより強い」。だが輸入鉄を使うということは，キューポラがデラウェア州サセックス・カウンティになければならない理由が薄れる，ということである。同じ精錬・鋳造作業は都市の鋳物工場でも不可能ではなく，むしろ輸送費がかからずにすむのである[21]。

---

19) [Samuel Richards], "*To the Editors of* New York Commercial Advertiser," (Philadelphia: Wm. S. Young, 1840), 4-5 [copy at Library Company of Philadelphia]; Tyler, "Technological Development," 153.

20) Dixon, "Organizational Structure and Marketing," 53-54. ストーヴ生産にキューポラが導入されたことについては，Harris, "Inventing the U.S. Stove Industry," 712-713, も参照。

21) Gardiner H. Wright to William Potter, November 27, 1833, WFP; Frederick Overman, *The Moulder's and Founder's Pocket Guide* (Philadelphia: A. Hart, 1851), 185. 同時代の冶金専門家オーヴァーマンは「無煙炭で作ったスクールキル地域の銑鉄は，スコットランド銑鉄を加えると強度が増す」と述べている。Ibid., 186; Jesse Richards to S[tephen] Colwell, August 25, 1841, Jesse Richards Letterbook.

第2節　事業からの撤退

　長期的には，サミュエル・リチャーズが述べる立地面の制約のため，農村の製鉄所が創意工夫で対応する余地は狭くなっていった。19世紀前半のニュージャージーの製鉄業者としては最も成功を収めたリチャーズ家の面々も，鉄鉱をデラウェア州の他にスクールキル川流域に求めるようになっていた。ジェシ・リチャーズはニュージャージー州バーリントン・カウンティの「ランコーカス川の泥土にはまったくがっかりした。スクールキルから鉱石の配送が得られないなら，[溶鉱炉の]運転を早めに切り上げざるを得なくなる」ともらす具合で，地元の泥土は40年代前半までに，もはや原料と見なされなくなる。しかも関係者の間では1840年ごろまでに，鉄を再度融解した混合鉄で作るほうが，質のよい水道管ができる，という意見が流布していた。サミュエル・リチャーズは，自分の製鉄所で鉱石から作った水道管は，再度融解した鉄で作られた水道管に決して劣っていない，「鉄は再融解しても決して強くならない，密にはなるかもしれないが，強くはならない」，と言い張らねばならなかった。ジェシ・リチャーズものちに，「出来の悪い管を私が送ってきたのではと気にしておられるようですが……検査に通って出来ばえのよいものしか送っていません。ですが鉄に親しんでいない人の目にも，[私の管が]作り立ての鋳物と同じくらいよい見栄えになるとは，考えてはいけないのです」と私信で持論を述べ，自分の管の色について弁護している。再融解した鉄で作った管のほうが質がよい，という意見は数多く寄せられたと思われる[22]。

　加えてライトの2つの製鉄所の場合，水道管に関するかぎり，リチャーズの管の敵ではなかった。「彼らと競争しようとしても，まったくの負け戦でしょう。ニューヨークの契約話は，手から落ちていったと思います」とバーナードは1827年に告白している。そのため，ライトのほうがリチャーズよりも早く限界に至る。デラウェア製鉄所はボルティモア，ワシントンなどに向けて水道管を生産したが，ねずみ銑鉄から作られた同製鉄所の管は水圧に耐えられず，純度の高い鉄で作ることが必要になった。6～8インチ幅の長

---

22) [Richards], "*To the Editor of* New York Commercial Advertiser," 1-7. 7（引用）; ジェシ・リチャーズの2つの引用は共に，Jesse Richards to Samuel Evans, July 7, 1843, Jesse Richards Letterbook，より。

い管は質の低い鉄では作りづらかった。リチャーズの協力を受けてライトがニューヨーク向けの管の生産に加わったこともあったが，彼の管は市側によって拒絶された。「12インチ幅の管64本中24本」は「何の役にも立たない」，とニューヨーク市のジェイムズ・パーマーは1833年2月，マーク・リチャーズに書き送った。加えて10インチ幅の管37本中7本も「劣悪と判定しました。S・G・ライトの製鉄所の管はこれ以上送らないでください，というしかありません」。鉄鉱石の入手可能性と製品需要の変化に対応しようと，ライトはより遠方に鉄鉱石を求めていった。だが彼の管がニューヨークで酷評されたことからして，彼は成功しなかったと考えるべきである[23]。

2. ライトの事業縮小──ニュージャージー南部

1830年代，ライトは次第に事業を縮小していった。息子のガーディナー・ライトは，デラウェア製鉄所に移り住んで，1832年以降は管理人の仕事を引き受けた。1839年5月29日，ライトは薪や船舶用木材の伐採に使っていたグロスター・プレイスを，隣接地でグロスター製鉄所を所有していたジョン・リチャーズに売却した。木材のある土地を手に入れればグロスター製鉄所の操業に資する，とリチャーズが期待した可能性もあるが，この製鉄所は1848年に閉鎖されたので，うまくいったとは考えにくい。またライトは1833年4月にドーヴァー製鉄所を，商人で製鉄所も所有していたベンジャミン・B・ハウエルに売却した。ハウエルはライトに4ヵ月後，8ヵ月後，18ヵ月後の3回分割（それぞれ3287ドル78セント，3287ドル97セント，4287ドル78セント。利子が加算される）で支払うと約束した[24]。

ライトとハウエルはこの後，書簡のやりとりを延々と続けることになる。ドーヴァー製鉄所には金銭面，土地区画の面，その他の面で問題が生じ続けたからである。根本的な問題は，ライトとハウエルがいずれも資金不足だっ

---

23) Derick Barnard to William Potter, September 7, 1827; Barnard to SGW, February 22, June 5, 1827; copy of letter from James Palmer to Mark Richards, February 28, 1833, WFP.

24) Settlement of Stock [at Dover], undated but probably in late 1836, WFP. この史料によれば，ドーヴァー製鉄所の物品一覧は1833年4月13日に記録された。Benjamin B. Howell to SGW, April 13, 1833, WFP, も参照。

第2節　事業からの撤退　　　　　　　　171

たことだった。所有権が移った直後，ハウエルは管理人のジョン・ブランソンから，現金がないため木炭夫たちが解雇され，製鉄所もすぐに操業停止する，と聞かされて慌てた。この危機は，ライトがブランソンに200ドルを渡し，さらにライト名義で200ドル都合することを許して事なきを得たが，ハウエルとの取引を完了するまでに，ライトはまだ多くの問題に対処せねばならなかった。2人は支払いが完了するまでは製鉄所と周辺の土地を抵当に入れておくと合意していて，ハウエルは1回目の支払いから期日を守れなかったので，この製鉄所へのライトの権利はなかなか消滅しなかったのである[25]。

問題をさらに困難にしたのは，ライトが以前にペンシルヴェニア商業銀行と取り決めていた抵当契約だった。彼はドーヴァー製鉄所を抵当に入れて資金を借りており，ハウエルがこれを知ったときには，債務は1万8063ドル35セントに上っていた。2人は協力して同銀行に返済をし，この抵当を消そうと申し合わせた。だがハウエルが5280ドル45セントの手形を送って銀行への支払いにあてるよう求めたとき，ライトはこれをフェイルズ・ラスロップ・アンド・カンパニーという会社に渡して同銀行への支払いを依頼したため，製鉄所の売却手続きはさらに時間がかかることになる。その間，利子は加算され続け，債務は膨らんでいった。さらに，東ジャージー領有者評議会はドーヴァー・タウンシップの土地測量を続け，ハウエルと領有者評議会の間の対立は不可避となった[26]。

製鉄業そのものも，ライトとハウエルに利益をもたらさなかった。1834年はイギリスで鉄の価格が下がり，アメリカ市場でもイギリス製棒鉄の価格

---

25) Benjamin B. Howell to SGW, April 16, 25, 1833, WFP; notice of protest from the Union Bank for nonpayment of Howell's bills, dated September 17, and October 17, 1833; Howell to SGW, September 9, October 14, 15, December 11, 30, 1833, January 2, 24, March 14, 1834, WFP.

26) Boyer, *Early Forges and Furnaces*, 74; Benjamin B. Howell to SGW, May 5, August 14, 1834, November 6, 1835, April 26, May 26, June 18, 1836, April 21, July 7, 1837, February 15, 1839, and Benj. P. Smith (cashier, Commercial Bank of Pennsylvania) to SGW, May 2, 1834, WFP; copy of memorandum of payment by Howell to SGW, undated but probably 1836; copy of certificate on standing mortgages, April 10, 1837, WFP. ライトは1837年4月の時点で，同商業銀行に対して3384ドル81セントの負債を抱えていた。

は，年初めのトンあたり75ドルから，同年8月には68ドル台に下がった。国内の製鉄業者にとっては厳しい環境である。「私は製鉄業に16年も携わっているが，こんなことは一度もありませんでした」とハウエルはライトに知らせ，「あなたは［製鉄業界を］離れたことを神に感謝する理由があります」と続けた。ハウエルは「手元に100トンも抱えていて」，売れる見込みがまったくなかったのである。これも売却の完了を遅らせていった[27]。

1834年，ハウエルはドーヴァー製鉄所の権利を息子たちに売却し，彼らもその後，それをニューヨークの投機家集団モンマス・パーチェス会社に売却した。クワの木を栽培して生糸生産を進めるとして1837年2月16日にニュージャージーで設立されたこの会社は，1837年恐慌の到来にぶつかって苦境に陥る。新聞に掲載された広告から判断するなら，この会社の活動はモンマス・カウンティの経済成長に寄与したとは考えがたい。同社は鉄道の敷設計画を発表して建設の業者を募り，また所有する農場とドーヴァー製鉄所を賃貸すると広告した[28]。

ペンシルヴェニア商業銀行との取引を完了するため，ライトは名目上はモンマス・パーチェス会社が所有するドーヴァー製鉄所とその土地を，競売にかけることに決めた。この会社が広告を出さずにあることを行ったため，彼は裁判所を巻き込まざるを得なかったのである。同社はライトがハウエルに売却し，ハウエルから息子たちを経て同社にわたった土地に伐採夫を入れて，二番生えを考慮することなく，木々を切り倒し始めた。彼らが木を切り出したのは，切ってもよい程度に木が伸びた場所ではなく，搬送が容易な川沿いであった。また伐採夫と同社の代理人は不注意から森林火災を起こし，消そうとしなかったため，数百エーカーが被害を受けた。さらに彼らは樹皮をはぎ，木炭を作り，自分で販売目的に持ち去った。つまり，短期的な利益を目的に，この土地をいいように扱ったのである。損害は2万ドルに上るとライトは計算している。もはや木が生えず，この土地は「ほとんど，あるいはま

---

27) Benjamin B. Howell to SGW, July 16 (第一，第二の引用), August 6 (第三の引用), 1834, WFP; Cole, *Wholesale Commodity Prices*, 252.

28) *Acts of the Sixty-First General Assembly of the State of New Jersey* (Trenton: n.p., 1837), 147-150; *Monmouth Inquirer*, December 21, 1837, January 4, 1838.

ったく無価値です。当該地の価値はほとんど完全に森林と立ち木にあるからです」。土壌自体は，木が生えている土地の「20分の1」の価値しかないのである。木を伐採して持ち去ることによって二次的な損害も生じた。この土地の中には鉄分を含む泥土を産する場所もあったが，精錬用の燃料（木炭）がない以上，それは掘り出す価値がないのである[29]。

商業銀行への支払いに用いねばならない資源の多くが，最悪の場合このように失われることを恐れ，ライトは禁止命令を申請してこれを勝ち取った。だがそれはモンマス・パーチェス会社が支払いをしない口実になり，事態はなかなか改善しなかった。ライトはこの土地の差し押さえと競売を求めたが，会社代理人は1839年3月，ライトが争った土地に隣接する土地の所有者と契約を結び，それに基づいて係争中の土地から大量の樹木を伐採した。禁止命令に違反した行為である。ライトとハウエルは，伐採を止めるには隣接地の所有者に対する禁止命令を求めるべきかと気をもんだ。ライトが最終的に裁判に勝利したのは1839年7月7日のことである。その後も遅延が相次いで，当該地が競売にかけられたのは1840年4月のことだった[30]。

3. ライトの事業縮小──ニュージャージー北部

ライトの苦難はニュージャージー南部に限られなかった。モリス・カウンティの鉱山事業も成功しなかったのである。マウント・ホープ鉱山では操業1年目（1831年），10名の鉱夫を雇い，鉱石輸送のためのボートを2艘そろえ，道路を敷き，ロッカウェイの船着場までトロッコ軌道敷設のための測量を行った。この年，同鉱山は3217トンの鉱石を産出した。サミュエル・リチャーズとトーマス・リチャーズは876トン半，ライトは242トンを得た。地元の製鉄業者に販売されたのが876トン，モリス運河沿いの町ブーントンで86トンが売却され，ニューヨークには75トンが到達した。運河の岸壁に

---

29) Wright's deposition dated June 28, 1837, *Samuel G. Wright v. Monmouth Purchase Company*, p. 69, case file H-2, New Jersey Chancery Court Case Files 1825-1850, New Jersey State Archives.
30) Benjamin B. Howell to SGW, July 7, September 11, 1837, March 18, April 10, May 1, 1839, WFP.

430トン，鉱山の岸壁に650トンがあったと記録されている。採掘，運搬・輸送，人件費や修理全般などを差し引いた決算は，3432ドル39セントの利益であった[31]。

この会社の船出は明るかったが，長続きはしなかった。翌年には同社の資産は，1年のうちに価値が急に下がったようである。1834年には安価なイギリス産鉄の流入で事態はさらに困難になる。モリス・カウンティの採掘と製鉄業は「最終的な負債の支払いを考えることなく続くかぎりで」継続しているにすぎない，とマウント・ホープ鉱山会社の管理人で，モーゼス・フィリップスの息子でもあるウィリアム・H・フィリップスは記している。「即時決済を回避」したいだけだったのだ[32]。

フィリップスからライトへの1834年の手紙は示唆に富んでいる。「ここでの私たちの仕事はあまりに限られてしまい，私自身と家族が必要とするもの［を得る］に十分な報酬を出すには不適当になってしまいました」と彼は書く。会社を作り，管理人を送って業務を監督させるのはうまくいかない。というのも取引が低調な時，管理人は「事業地を管理する努力によって生じる増加分を費消してしまい，所有者には何も残らない」からである。事業そのものをすべて，決まった賃料で賃貸しするほうが安全である。そして彼は次のようなことを言う。「農場を1人に，そして鉱山を別の人に貸す必要があります」。これまで見てきたとおり，人を雇って，鉱山ないし森林と農場の両方を管理させるのは，農村型事業のよく見られた雇用パターンであった。バーリントン・カウンティで泥土を掘ったジョセフ・スタックハウスしかり，グロスター・プレイスで樹木の伐採をしたサミュエル・リッジウェイしかりである。だがフィリップスは，農場と鉱山を分離せよと書く。彼は鉱石の運搬に関心をもつ「あるふさわしい人物」から打診を受けており，また「別の人物が農場について問い合わせてい」たのである。農村での事業は，農場をうまく切り盛りしながら同時に取り組むには，あまりに複雑になっていた。1820年には製鉄業者は，鉄取引が低調でも農場があれば経費を削減できる，

---

31) Mount Hope Ore Mine in a/c with Stock for 1831; Profit and Loss in a/c with Stock; Wm. H. Phillips to SGW, January 9, 1832, WFP.

32) William H. Phillips to SGW, November 19, 1834（引用），September 7, 1835, WFP.

第2節　事業からの撤退

と述べていた。だが1830年代半ば，農場と事業を同時に手がけるのは難しく，農場は余分視されるようになっていた。農業と採掘は分離され，それとともに，農村部で人が経済活動を手がける際の想定も，変化していったのである。ウィリアム・フィリップスは1835年に管理人を辞し，羊毛工場を建てるためマサチューセッツ西部に去る。ライトとリチャーズは1840年まで鉱山会社を運営し，エドワード・R・ビドルにこれを売却した[33]。

また，同じカウンティでライトが手がけたハイバーニア鉱山もうまくいかなかった。4名の労働者を送り，ウィリアム・H・フィリップスがマウント・ホープ鉱山会社の資源をこの鉱山に利用することを認めるなどしたものの，ライトとサミュエルおよびトーマス・リチャーズは1834年1月，出水のため鉱石採掘のコストが大きい，販売がうまくいかない，製鉄所と鉱石の相性が悪い，などの理由を挙げ，契約の終了を望むようになっていた。9年契約を結んでいたため，彼らがゲイブリエル・フォードに契約終了を公式に通知できたのは，1839年5月のことである。その間，フォードに対するライトと2人のリチャーズの負債は増大していった。そしてフォードとの取引の清算も，時間がかかることになる[34]。

ライトに残ったのは西部イリノイでの土地投機であり，これもうまくいかなかった。彼は1820年代，イリノイ州内ミシシッピ川東岸に広がるミリタリー・トラクトという名の土地に出資していた。のちに彼は，この土地を売却するためにトレントン・イリノイ会社という投機団体を作っている。イリノイ州アダムズ・カウンティに在住する代理人が，ミリタリー・トラクトの土地を入植者に販売する仕事を引き受けた。入植者は販売時に価格の4分の1を支払い，残りを年賦割，利子年率6パーセントで支払うという条件であった。ライトは当初，すべて現金支払いで販売することを考えたが，代理人に説得されてあきらめている。また彼は，ミリタリー・トラクトからイリノ

---

33) William H. Phillips to SGW, November 19, 1834; E. R. Biddle to SGW, June 22, 1840; *History of Morris County*, 56; Hanson, "Richard and Mount Hope," 53.
34) Agreement between William H. Phillips and SGW, June 4, 1833; Gabriel H. Ford to SGW, January 14, 1834, WFP; Samuel Richards, Thomas Richards, and SGW to Gabriel H. Ford, May 6, 1839; Samuel Richards to Gabriel H. Ford, June 11, 1841; Stephen Colwell to Gabriel H. Ford, August 29, 1842, Ford Family Papers.

イ川をはさんで対岸にあたる，メナード，ローガン，メーコンの各カウンティにも土地を持っていた。彼は現地在住のジョサイア・B・スミスを雇って，柵を立てさせている[35]。

1830年代中ごろの土地投機ブーム中はともかく，経済が落ち込むと，土地投機への影響は大きかった。1835年3月から翌年5月2日までの間に，7名の入植者が買い付け金ないし1回目の年賦金を支払い，その額は1613ドル50セントに上った。税金や手数料を差し引いても，ライトが受け取った支払いは1191ドル88セントになる。1837年恐慌が到来したときにも，まだ初回の支払いを行う入植者はあった。「私たちの土地はすぐにエーカーあたり20ドルになるでしょう」と，現地協力者の1人からの手紙にはある。だが1839年恐慌が襲うと，入植者の支払いは遅れ始め，新しい買い手も現れなくなった。「お金はとても不足していて，土地は売れていません」という言葉が，代理人からの手紙によく見られるようになる。収益は着実に減っていき，1842年にはライトのほうが代理人に10ドル24セントの負債を負うことになった。メナード・カウンティの土地でも，柵を作るための樹木が見つからず，木の移植は「とめどなく続く」ばかりで，「枯れてしまうものも多い」し，柵用にとライトが送った釘は盗まれてしまった。代理人ジョサイア・B・スミスは，地元の徴税官が自分の名前を書類に書き込んだために，管理地の税金支払いの責任を負わされている，と助けを求めた[36]。

ライトにとっては，1840年代前半はよい時代ではなかったといえる。ゲイブリエル・フォードへのハイバーニア鉱山賃借料の支払いが残っていたが，

---

35) Agreement of the Trenton Illinois Company, February 4, 1841; Tillson, Moore & Co. to SGW, June 9, 1834; copy of memorandum from Samuel G. Wright of Philadelphia to Tillson, Moore & Co., April 27, 1835; Josiah B. Smith to SGW, June 25, August 12, 13, 1835, September 17, 1837, WFP; Douglas K. Meyer, *Making the Heartland Quilt: A Geographic History of Settlement and Migration in Early Nineteenth-Century Illinois* (Carbondale, Ills.: Southern Illinois University Press, 2000), 3-4, 10-11, 90-97. 1850年までに，ニュージャージー出身の移住者がミリタリー・トラクトとサンガモン・カウンティに多数居住していた。Ibid., 216-218.

36) Moore, Morton & Co. to SGW, May 2, 1836, April 8, November 1, 1837, May 7, 1838（第二の引用），May 8, 1839, August 18, 1843; Hiram Raynor to SGW, March 1, 1837（第一の引用）; Josiah B. Smith to SGW, June 24, 1837（第三・第四の引用），October 29, 1841, January 11, August 5, 1842; Erastus Wright to SGW, July 24, 1843, WFP.

彼の手元には現金がなかった。イリノイの土地を抵当に入れようと努力していることを説明して，彼はフォードに待ってくれるよう頼んでいる。支払いに窮したとき，ライトはイリノイのアダムズ・カウンティの土地2つの権利をフォードに譲渡するともちかけたが，断られている。その1年後，ライトはいまだフォードとの清算ができず，「本当に困っております」と書いている。「私にできることはすべてやりました。何ひとつ見逃さずに。私の年でこうまでやれる者はいません」。実際，61歳になっていた彼はこのとき，メリノ・ヒル農場で飼育していた自分の牛を売却しようとしていた。1835年には7頭だったダラム牛を1840年には23頭まで増やしていたが，これをすべて売り払おうとしていたのである。若いころにはメリノ羊の導入に関わり，農業協会を組織し，その後も農業雑誌を講読していた人物にとっては，つらい決断だったに違いない[37]。

　以前からの取引相手も，ライトが時代の求める波から取り残されていることを指摘した。1841年，トムズ・リヴァーの商人で輸送業者だったイフレイム・ポッターはライトのもとに鉄を持ち寄り，買い取れるかと尋ねた。ライトが支払いとして蠟燭など乾物を送ると，ポッターの返事は容赦のないものだった。それらの物品は「何の役にも立たない」か，ライトのつけた価格は「市場価格の3割ないし5割増し」だったのである。「こういう商品の売買になじんでおられないのか，あるいはお忘れになったに違いない」とポッターは推測してみせた[38]。

　おそらく，ライトにとってこの時代の1つの朗報は，1844年に連邦下院議員に選出されたことだったろう。彼はホイッグ党支持者で，1830年から31年には州上院議員を務めたこともあった。1837年にはモンマス・カウン

---

[37] SGW to Gabriel H. Ford, January 15, 1842; memorandum by Alfred E. Ford, January, 27, 1843; SGW to Gabriel H. Ford, February 15, 1843; memorandum by Gabriel H. Ford, February 17, 1843, Ford Family Papers; SGW Record Book 1831-1854, New Jersey Historical Society; "Agricultural Society," *Fredonian*, October 12, 1815; Charles G. Imlay periodical account book, 1839-1842, Imlay Family Papers, Special Collections and University Archives, Rutgers University Library. 地元で郵便局を営んでいたイムレーの帳簿によれば，ライトはフィラデルフィアで発行されていた *Farmer's Cabinet* と，オルバニーで発行されていた *The Cultivator* という2つの農業雑誌を，郵便で取り寄せていた。

[38] Ephraim Potter to SGW, [January ?] 1, 1842, WFP.

ティの下級民訴裁判所の判事も務めている。経済的に苦しくなる一方で、ライトは全国政治家としての新しいキャリアに乗り出そうとしていた。だがその矢先、1845年7月30日、彼は水腫で死去する。同年12月にワシントンで開会された議会に、彼が出席することはなかった[39]。

第3節 結論

　ライトの死後、その資産がどうなったかはあまり明らかではない。メリノ・ヒル農場は彼の次男が相続し、19世紀後半へと農場は続いていく。長男のガーディナー・ライトはデラウェアに定着し、鉄取引を続けると同時に同州の政治にも関与したが、デラウェア製鉄所自体は1836年に閉鎖し、彼が営んだのは鋳物工場のみであった。ライトの子孫はいずれも、彼のごとく経済の最前線に立つことはなかった[40]。

　ジェシ・リチャーズのバトスト製鉄所も、1840年代には困難の度を増していった。40年代初めの不況による全般的な売り上げ不振のため、1842年には生産を一時停止している。さらにその翌年、競争の激化によって管の価格が下落し、銑鉄との価格差がほとんどなくなった。取引先への手紙で、3インチ管を1フィートあたり30セントと、「誰にも作れないくらい安く売っているのではないですか……35セントが作りえる限界です」、と彼は不満をもらしている。これが単純にリチャーズの技術的な限界であったと考えるべきではない。リチャーズ自身の言葉を借りるなら、「今［自分が作っている］よりもずっと管を軽くすることはできます。その軽さゆえ、現在売れている鉄と同じくらい、お得な価格になるでしょう。けれど、製造過程と品質検査で撥ねられる分を考えると、それは私たちの作る中で、最も高い管になります」。管の製造は、彼の生産態勢では価格と品質の両立が難しくなり、

---

39) ライトの名は連邦議会議員録に収録されている。*Biographical Directory of the United States Congress, 1774-1989: Bicentennial Edition* (Washington, D.C.: United States Government Printing Office, 1989), 2091. 以下の判事任用書類も参照。Official letter of appointment to judgeship, October 21, 1837 and November 2, 1837, WFP.

40) Benjamin B. Howell to SGW, August 6, 1834, WFP; *History of Morris County*, 56; Clark, *History of Manufactures*, 1: 497.

経済的な限界に達しようとしていたのである。この状況では，手間を加えて管を作るよりも，銑鉄の生産にとどめたほうがまだ利益が上がるのだった。1844年に彼は，「何人か鋳物工を解雇した，そして銑鉄を作ることに決めた」という選択をするが，これは手詰まりに陥る中での後退だった[41]。

研究者ポール・パスコフは，1820年代から製鉄業者の間に，鉄鉱石から銑鉄・棒鉄・圧延鉄の生産のみを行う「第一段階生産者」と，それらの鉄を原料として，外国から輸入した鉄をも加えながら，釘からガス・水道管などまで各種の鉄製品を作る「鉄製品製造業者」，という2種類の業者の区別が現れ始めたと述べている。原料である泥土から銑鉄を作り，さらには鉄製品まで作る，という一貫した生産にこだわり，扱う製品を絞り込んでいたリチャーズは，この分化の意味をいやおうなしに体験しようとしていたといえる。実はジェシ・リチャーズは1841年に，バトスト製鉄所にキューポラを加え，鉄の再融解を生産プロセスに加えることにしていた。しかしその後，この設備は原料，燃料などがそろわないなどの理由で稼動していない時期も多く，バトスト製鉄所を救ったようには見えない。バトスト製鉄所は40年代後半，ガラス生産に転進するが，これも1850年代に行きづまっていき，60年代には操業が完全に放棄される。世紀後半，この地域は製材と造船を主要産業としていくことになる[42]。

他方，州北部モリス・カウンティのマウント・ホープ鉱山は存続していったが，独立した事業体としてではなかった。1840年以降，熱風を溶鉱炉に吹き込むことで無煙炭による鉱石の精錬が可能になり，無煙炭と鉱石の両方に恵まれたペンシルヴェニアの製鉄所が，より大規模な製鉄を始めて，台頭

---

41) Jesse Richards to Aaron Marshall, November 5, 1842; Jesse Richards to John C. Hains, July 29, 1844; Jesse Richards to Thomas Holloway, August 6, 1844; Jesse Richards to S[tephen] Colwell, May 30（引用），August 6（引用），1844; Jesse Richards to Latham & Brothers, September 25, December 9, 1844; Jesse Richards to T. H. Norris, December 30（引用），1844, Jesse Richards Letterbook.

42) Pierce, *Iron in the Pines*, 42-43, 92-93, 139-146; Paskoff, *Industrial Evolution*, 76; Glenn S. Gordinier, "Maritime Enterprise in New Jersey: Great Egg Harbor During the Nineteenth Century," *New Jersey History* 97: 2 (Summer 1979): 105-117. ストーヴ生産の場合も，同様に，第一段階生産者が介在する余地はこの時期になくなっていった。Harris, "Inventing the U.S. Stove Industry," 718-719.

してくる。同時に各地で鉄道の敷設が本格化し、レールや汽車など、新しい大規模な鉄需要も現れる。そうした変化の中、1855 年にマウント・ホープ鉱山を買い取ったのは、非常に富裕なニューヨーク商人で、当時投資家へと転進しつつあったモーゼス・テイラーであった。彼の狙いは、この鉱床の鉱石をペンシルヴェニアに搬送させ、自分が大規模に投資していた同州ラッカワナ石炭・鉄会社の鉄生産に利用することだった。製鉄業の地理的連結と統合はテイラーのような、区域外に在住する資本を持つ者によって成し遂げられる。資源の流れのこうした再編成の中で、ニュージャージー北部の鉱床は、鉄生産地でなく資源供給元と位置づけられていくのである[43]。

　ライトの製鉄事業の取引関係は、都市とのつながりによって発展、変化し、また地理的に広がっていった。都市での水道管敷設に伴う新規の需要は、ニュージャージーの製鉄所を都市にいっそう結びつけた。複数種類の鉄製品を生産することとなり、労働力を確保するためには製鉄所は2つ必要だった。鉄と物資をタイムリーに搬送するためには、船と個別契約を結ぶのではなく、専用の船舶を所有する必要があった。高品質の鉄を生産するためには、鉱石の採掘ないし買い付けを、より遠方で行わねばならなかった。経済活動のこのような空間的広がりの中には、ニュージャージーとペンシルヴェニアを結ぶ内陸開発が進行して、遠隔地同士が結びついて初めて可能になったものもある。ライトの森林の利用も、一面で鉄生産の場合と同様である。同地域の木炭への都市からの需要を作り出したのは、ペンシルヴェニア州に産出し、都市で用いられるようになった無煙炭だった。ニュージャージー州南部パイ

---

[43] Gordon, *American Iron*, 155-158; Adams, *Old Dominion, Industrial Commonwealth*, 76-79; Daniel Hodas, *The Business Career of Moses Taylor: Merchant, Financial Capitalist, and Industrialist* (New York: New York University Press, 1976), 102-106; Hanson, "Richard and Mount Hope," 53-58; Robert Geelan, "Iron on the Water," *Canal History and Technology Proceedings* 10 (1991): 39-47. 以下も参照。Burton W. Folsom, Jr., *Urban Capitalist: Entrepreneurship and City Growth in Pennsylvania's Lackawanna and Lehigh Regions, 1800-1920* (Baltimore: Johns Hopkins University Press, 1981), 34-36, 89; Nevins, *Abram S. Hewitt*, 74-125; Pierre Gervais, *Les origines de la révolution industrielle aux États-Unis: Entre économie marchande et capitalisme industriel 1800-1850* (Paris: Éditions de l'École des Hautes Études en Sciences Sociales, 2004), 253-264; G・ポーター, H・リブゼイ（山中豊国・中野安・光沢滋朗訳）『経営革新と流通支配　生成期マーケティングの研究』（ミネルヴァ書房, 1983年), 67-74。

第 3 節　結論

ン・バレンズの資源の活用は，より広域的な経済の中で，地域と地域の結びつきが稠密化したことを意味する。

だがライトにせよリチャーズにせよ，事業を続けようとするなら，いっそう多くの資本を投入せねばならなくなった。同一地域内の区域間にとどまらず，地域間の連結に必要な大規模な資本を持つ者だけが，19 世紀後半にかけて事業を継続・発展させられる。ライトやリチャーズには，そこまでの資本はなかった。しかも，原材料や燃料については遠隔地から入手する，または輸入品を用いることが必要になり，農村の事業家は，質の面で問題がある地元の資源を十全に活用することに，こだわっていられなくなった。稠密化とともに，必要とされる資源の性質が変わっていった結果，ニュージャージーの農村型事業は不利になり，放棄されていったのである。

ライトの事業からの撤退は，19 世紀前半のアメリカで，農村の資本主義的な事業が成功するための条件が厳しくなったことを意味する。事業の成功は，さまざまな場所の資源を巧みにつなぎ合わせること，事業関係者間で，双方が納得する，拘束力のある関係を結ぶこと，都市での販売に耐える品質の製品を安価に作ること，にかかっていた。だがそうなればなるほど，地元の天然資源と労働力を，環境的制約と農業の年間労働サイクルの許す範囲で利用する，という農村型事業の枠組みは，不適当になっていったのである。

終章

共和国初期における農村型事業の位置

ニュージャージーの農村型事業は，リチャード・ウォルンやサミュエル・G・ライトの取り組みが示すとおり，地元で手に入る資源を小規模に利用して，近辺の都市や，さらに遠方の需要に応えようとした。農作物，樹木，鉄分を含む泥土は 18 世紀後半と 19 世紀初めのニュージャージーには豊かにあり，それらの資源によって農村型事業は成り立ち，存続しえたのである。資本と労働力については，農村型事業は必ずしも地元からのみ入手したわけではない。都市・農村双方の人間が農村型事業に取り組んだ。熟練労働者は現れては立ち去り，ときには遠方から呼び寄せられることもあった。伐採夫ですら遠方から雇われた。地元に資源があってその加工ができるかぎり，それを利用すべく資本を投入し，労働力を集める人物が現れたのである。しかし 1840 年ごろまでに，農村型事業は継続が次第に難しくなっていく。ここでは個別の事例を離れて，連邦センサスのデータから全体的な傾向を把握してみたい。

　1840 年と 1860 年の連邦センサスの記録をニュージャージーのいくつかのカウンティについて比較すると，サミュエル・ライトが活動していた環境が失われていったことがわかる。ライトが居住して事業を手がけていたモンマス・カウンティと，ニューアークも含み，工業が盛んな州北部のエセックス・カウンティを比べてみると，前者では農村型事業が工業発展の潮流に乗らず，小規模な農村型事業が大規模な企業に成長することはなかった。モンマス・カウンティで小規模な製造業が消え去ることはなかったが，エセックスに出現した工場に比べれば，それは小さな存在であった。

　表終-1 は，それぞれのカウンティで最も盛んな製造業 5 種とその生産額を比較したものである。1860 年のモンマス・カウンティの数値には，1850 年に同カウンティから切り離されて設けられたオーシャン・カウンティの数値を加えてある。なお，この表は限定的に用いるべきものである。1850 年の連邦センサスで生産額の評価方法が変更され，原材料からの製品生産だけを対象とするのではなく，500 ドル以上の生産を行う事業所は，用いている材料に関わりなく調査対象となった。このことが，この表の数値の大きな差

終章　共和国初期における農村型事業の位置　　185

表終-1　エセックスおよびモンマス・カウンティにおける主要製造業5種と生産額（ドル），1840年と1860年（1840年価値に換算して表示）

エセックス（1840年）		エセックス（1860年）	
種類	生産額	種類	生産額（1840年価値）
帽子類	992,848	帽子	3,570,000
皮革	966,786	男性衣類	2,730,000
綿織物	930,400	エナメル皮革	1,870,000
馬車	738,969	馬具	1,500,000
各種金属	387,500	宝石	1,400,000
モンマス（1840年）		モンマスおよびオーシャン（1860年）	
種類	生産額	種類	生産額（1840年価値）
馬車	41,455	製粉	423,000
製粉・製材・油絞り	38,180	馬車	105,000
皮革	28,560	製材ずみ木材	99,100
木材	10,530	皮革	94,200
金属製品	8,750	造船（ボート含）	75,200

出　所：United States, *Compendium of the Enumeration of the Inhabitants and Statistics of the United States, as Obtained at the Department of State, From the Returns of the Sixth Census* (Washington, D.C.: Thomas Allen, 1841; reprint, New York: Norman Ross Publishing Inc., 1990), 130-141; idem, *Manufactures of the United States in 1860: Compiled from the Original Returns of the Eighth Census* (Washington, D.C.: Government Printing Office, 1864; reprint, New York: Norman Ross Publishing Inc., 1990), 334-336, 341-342. 1860年の調査では製材した材木が1つの独立項目として調査されているが，1840年の調査では林業にあたる「木材」と製材業は別の項目になっており，かつ製材は"mills"という項目の中で，製粉および種子から油を絞る工程と一緒に扱われている。価値の換算については，MeasuringWorth.comの換算サイト（URL: http://www.measuringworth.com/uscompare/index/php）を参照（2012年12月6日閲覧）。ここでは1860年の数値を，消費者物価指標（CPI）に基づき1840年の価値に換算しているが，本文で触れた調査基準の変更に留意する必要がある。本文で触れた牡蠣漁は，本表では1860年のモンマスおよびオーシャン・カウンティの欄に入れていない。

に反映されている。同一の条件で1840年と1860年の数値を単純に比較することは控えるべきである。また1840年には恐慌を引きずって全国的な経済不振の中で調査が行われたが，1860年のアメリカ経済は1857年不況を比較的容易に克服していた。20年間に生じた差が平均的傾向以上に際立つ可能性もある。したがってこの2つの年のデータから，特定の製造業が生産額を何倍に伸ばしたかを，単純に計算することは避けねばならはない[1]。だが全

---

1)　19世紀前半から中ごろの連邦センサスについては，以下を参照。Margo J. Anderson, *The American Census: A Social History* (New Haven: Yale University Press, 1988), 7-57;

体的な傾向を看取することはできる。

　第一に，いずれのカウンティでも，すでに行われていた製造業は生産が増大している。宝石加工を別にすれば，エセックス・カウンティは帽子生産と皮革加工が大きな生産額にのぼる。モンマスでも皮革加工は大きな生産額を占めている。第二に，エセックスのほうがモンマスよりも生産規模がずっと大きく，名前のうえでは同じ産業の場合でも，同一種の事業として扱うことはできない。1860年のエセックスの皮革加工業は，エナメル皮革だけで同年のモンマスのそれの20倍近い生産額に及ぶが，蒸気稼動の機械類を導入して工程を機械化していた[2]。

　皮革加工業への従事者数に，両カウンティの同産業の性格の違いがよく示されている。1860年のデータでは，エセックス・カウンティの皮革加工業は不特定革，エナメル革，革ベルト，モロッコ革の4種類に分けて紹介されている。最も生産が盛んなエナメル革については，エセックスには9つの製造工場があって720名が雇われていて，工場あたり平均80名になる。工場あたり平均では，モロッコ革の場合は46名，不特定革の場合は10名である。革ベルト生産工場は1つしかなく，その雇用者数は2名である。これに対してモンマスとオーシャン・カウンティの場合，連邦センサスでは不特定の皮革加工の項目が1つあるだけで，これらのカウンティではエナメル革やモロッコ革の本格的加工は行われていない。不特定皮革の製造所は合計5つで雇用者数が39名なので，製造所あたりでは8名弱となる。加えてカテゴリーごとの生産額を検討すると，雇用者数が示唆する以上に2つの地域の違いは大きい。エセックスに17ある不特定革加工工場の生産額は，1860年の数値で72万4022ドルに上る。工場あたりの平均では4万2590ドル弱である。モンマスおよびオーシャン・カウンティの同じカテゴリーの生産は，製造所

　　　Patricia Cline Cohen, *A Calculating People: The Spread of Numeracy in Early America* (Philadelphia: Temple University Press, 1982; New York: Routledge, 1999), 150-204; Michael Zakim, *Ready-Made Democracy: A History of Men's Dress in the American Republic, 1760-1860* (Chicago: University of Chicago Press, 2003), 40-41.
2) 表終-1 および Susan E. Hirsch, *Roots of the American Working Class: The Industrialization of Crafts in Newark, 1800-1860* (Philadelphia: University of Pennsylvania Press, 1978), 23, 30-36 を参照。

あたりに直すと1万8120ドルにすぎない。エセックス・カウンティの工業は成長し，かつ多様化していた。その中では比較的小さい分野ですら，モンマスおよびオーシャン・カウンティの同じ分野の業者が望みえないほど，生産規模が大きかった[3]。

エセックス・カウンティの工業の成長は，ニューヨーク大都市圏での工業の編成が変わっていったことと関係がある。研究者リチャード・ストットによれば，1837年恐慌の後，マンハッタンにあった作業場は数多くが移転を余儀なくされた。島内では作業場の賃貸料が上がり，水力を利用しづらく，輸送も手がかかったため，ニューヨークを囲む「工業ベルト地帯」（エセックスもその中にある）へと移転が進んだのである。ニュージャージー側には金属加工業など，規模が大きい，機械化された産業が多く現れ，マンハッタンには，労働集約的でかつ小資本で営みうる衣服産業などが残った。造船所など規模の大きな事業所がいくつか，移転に伴うコストが大きすぎるとしてマンハッタンに残った例はあるが，世紀中ごろにかけて，マンハッタンとその近くの諸カウンティは「着実に分岐し」ながら，全体として「ニューヨーク大都市圏」を形成していた[4]。

これに対して，「工業ベルト地帯」の外にあるカウンティでは，モンマス・カウンティの数値が示すとおり，製造業は重要な産業にならなかった。モンマスでは依然として，農村型事業が最も大きな産業だったのである。1840年の連邦センサスでは小麦粉・粗挽き粉などの製粉，製材業，牡蠣漁といった分野については，生産額がしばしばひとまとめにされていて，個別に記載されていない。そのため表終-1の1840年と1860年の項目を厳密に比較することにはあまり意味がないが，1840年代には馬車製造に次いで盛んだった製材や製粉，そして皮革の加工が，20年後にも主要産業であった

---

3) United States, *Manufactures of the United States in 1860: Compiled from the Original Returns of the Eighth Census*（Washington, D.C.: Government Printing Office, 1864; reprint, New York: Norman Ross Publishing Inc., 1990）, 335, 341, 342.
4) Richard B. Stott, *Workers in the Metropolis: Class, Ethnicity, and Youth in Antebellum New York*（Ithaca: Cornell University Press, 1990）, 8-33, 24（引用）。工業ベルト地帯に含まれるのは以下のカウンティである。バーゲン，ユニオン，エセックス，パセイック，ハドソン（ニュージャージー），リッチモンド，ウェストチェスター（ニューヨーク），フェアフィールド（コネティカット）。

ことは確かである。1860年,モンマスおよびオーシャン・カウンティの小麦粉・粗挽き粉の生産額は40万6764ドル（1840年のドル換算では42万3000ドル）で,皮革加工業よりも馬車生産よりも高い。製材ずみ木材の生産額は9万5300ドル（同,9万9100ドル）で,これも皮革加工業よりも大きく,同じことは9万2209ドルに達する牡蠣漁（同,9万5900ドル）にも当てはまる。1780年代にリチャード・ウォルンが営んでいた小麦粉・粗挽き粉の製粉は,1860年でもこの地域の最大の製造業であった。しかも最も生産額の大きい製粉ですら,エセックス・カウンティの同じ年の主要製造業分野の生産額と比べれば,3分の1程度かそれ以下で,極めて小さい。こうした数値は,モンマスやオーシャンといったカウンティでは工業化が進まなかったことをよく示している[5]。

　1840年から60年までの間に衰退してしまった産業もある。その最適の例は,サミュエル・ライトが1820年代に心血を注いだ製鉄業である。1840年にはモンマス・カウンティには7つの製鉄所があり,2450トンの鋳鉄を生産していた。鉄加工所（塊鉄所,鋳造所,圧延所のいずれであるかは不明）も2つあり,29トンの棒鉄を生産していた。これらは採掘夫を含め,総計540名を雇用していた。この年,モンマス・カウンティの製鉄業は鋳鉄生産額,雇用者数のいずれでも州最大であった。だが20年後,モンマスおよびオーシャン・カウンティに残っていた鋳鉄の製鉄所は2つのみで,雇用者数も6名にすぎない。1840年までに州南部の鉄分を含む泥土は利用されなくなり,また他地域では石炭を使用する製鉄が行われ始めて,ニュージャージー南部の製鉄業はその基盤――近くに原料と燃料があること――を失ったのである[6]。

---

5) United States, *Compendium of the Enumeration of the Inhabitants and Statistics of the United States, as Obtained at the Department of State, From the Returns of the Sixth Census* (Washington, D. C.: Thomas Allen, 1841; reprint, New York: Norman Ross Publishing Inc., 1990), 141; idem, *Manufacture of the United States in 1860*, 341, 342. モンマスとオーシャン・カウンティを合わせると皮革加工業と馬車生産は1860年,それぞれ9万600ドル（1840年の価値で9万4200ドル）,10万550ドル（1840年の価値で10万5000ドル）。価値の換算については表終-1の注を参照。

6) United States, *Compendium of the Enumeration of the Inhabitants and Statistics*, 130; idem, *Manufacture of the United States in 1860*, 341 and 342.

終章　共和国初期における農村型事業の位置　　　189

　これとは対照的に，州北部モリス・カウンティの製鉄業は衰退しなかった。連邦センサスの記録によれば，1840年には3つの製鉄所があって1475トンの鋳鉄を生産し，塊鉄所，鋳造所，圧延所は43あって5976トンの棒鉄生産を記録している。雇用者数は総計439人（採掘夫を含む）である。1860年には，製鉄所数は3で変わらず，銑鉄を生産し，19の事業所で棒鉄，鉄薄板，鉄道用鉄を生産していて，さらに5事業所で鋳物を生産していた。雇用者数は採掘夫だけで491名，総計では1116名に上った。地元で鉄鉱石が得られ，モリス運河によって輸送が可能なことが，地元の製鉄業の延命につながった。だがこのカウンティの製鉄業は，他地域の大規模製鉄業の傘下に入ることで生き延びたことは確認せねばならない。鉄道用鉄のように1840年までは見受けられなかった生産物が大きな部分を占めていることからもわかるとおり，鉄に対する需要の質が変わった。それとともに，製鉄業を営む側も，事業家気質をもった地元の地主ではなく，ニューヨークを本拠にペンシルヴェニアで生産を行わせる資本家たちになったのである[7]。

　工業の大規模化の趨勢のもと，農村型事業のよって立つ場所はなくなっていった。ニュージャージー南部の製鉄は，一時は鉄加工業のネットワークの中に場所をもちえたが，鉄分を含む泥土に頼れなくなり，競争に不利な立場になっていく。彼らは無論，製鉄からより多くの収益を上げようと努力した。彼らは遠方の鉄鉱石を試すことで鉄の質を維持しようとしたが，それにより，立地に勝る都市の鋳造所と競争することになる。結局，資源の入手に苦労することで，同州農村部の製鉄業は持ちこたえられなくなっていった。鉄鉱から作った鉄は再融解した混合鉄に劣らないとサミュエル・リチャーズが主張

---

7) United States, *Compendium of the Enumeration of the Inhabitants and Statistics*, 130; idem, *Manufacture of the United States in 1860*, 342; Richard Stott, "Hinterland Development and Differences in Work Setting: The New York City Region, 1820-1877," in *New York and the Rise of American Capitalism, 1780-1870*, ed. William Pencak and Conrad Edick Wright (New York: The New-York Historical Society, 1989), 63; Burton W. Folsom, *Urban Capitalist: Entrepreneurs and City Growth in Pennsylvania's Lackawanna and Lehigh Region, 1800-1920* (Baltimore: The Johns Hopkins University Press, 1981). 鉄道と製鉄についてはG・ポーター，H・リブゼイ（山中豊国・中野安・光沢滋朗訳）『経営革新と流通支配　生成期マーケティングの研究』（ミネルヴァ書房，1983年），128，小沢治郎『アメリカ鉄道業の生成』（ミネルヴァ書房，1991年），83-132，も参照。

表終-2 ニュージャージーのカウンティにおける農作物，1850年

	小麦（ブッシェル）	ライ麦（ブッシェル）	トウモロコシ（ブッシェル）	市場向け野菜（ドル）	バター（ポンド）	チーズ（ポンド）
バーゲン	9,350	76,745	150,709	88,691	328,759	20
エセックス	34,637	23,653	297,076	31,932	378,233	685
ハドソン	3,663	6,047	37,155	91,619	49,893	—
モンマス	152,904	82,833	841,072	56,139	628,602	36,185
オーシャン	12,063	22,083	108,447	—	78,059	11,500

出所：New Jersey, *Abstract of the Population and Statistics of the State of New Jersey, According to the Census of 1850* (Somerville, N.J.: Donaldson & Brokaw, 1852), 83-84.

したのが1840年だが，それは迫りくる運命を示唆していたといえる。

　農村型事業はこの壁を越えられなかったが，これでニュージャージーの経済的な可能性がすべて失われたわけではない。序章で触れたとおり，この州の一部のカウンティが19世紀後半に野菜の栽培を盛んに行ったことはよく知られている。リチャード・ストットの言う「工業ベルト地帯」内にあることは，特定の種類の農業に立地上適していることを意味していた。マンハッタンに近接するバーゲンとハドソンという2つのカウンティは，野菜類の栽培で名をはせる。「工業ベルト地帯」の外にあるモンマス・カウンティも，野菜の海上輸送を行うことができた。1869～70年，および1890年，このカウンティも全米で野菜類の栽培額の多い12のカウンティの1つになっている[8]。

　そして，ニュージャージーの立地がプラスに働く事例は，19世紀後半における野菜類の栽培にとどまらない。1850年の連邦センサスによれば，ニュージャージーの木炭生産はいまだ健在であった。全米で767名が木炭生産に従事したとされる中，349名がニュージャージーにいた。同州の木炭生産額は16万7085ドルで，これは同年の全米生産総額（38万6651ドル）の43.21パーセントに上り，同州は全米最大の生産地だった。これに続くのは8万1018ドルのニューヨーク（20.95パーセント），6万2250ドルのペンシルヴェニア（16.09パーセント）である。薪は石炭に次第にとって代わられ

---

8) Marc Linder and Lawrence S. Zacharias, *Of Cabbages and Kings County: Agriculture and the Formation of Modern Brooklyn* (Iowa City: University of Iowa Press, 1999), Table 5 (p. 306). 1850年のニュージャージーのカウンティでの農作物栽培のデータは表終-2を参照。

るが，家庭向け木炭需要は残り，木炭生産の持続につながったのである[9]。もちろん，他の州の木炭生産について，この年の連邦センサスがどれだけ網羅的だったかは疑問の余地がある。だが他地域ではあまり報告が上がらなかったとしても，木炭生産はニュージャージーでは重要産業と見なされて，生産規模も一定レベルに達していた。それゆえに報告が多く行われたことになるだろう。

　18世紀後半から19世紀前半にかけて，ニュージャージー農村部の製粉，薪生産，木炭生産，製鉄は，都市における需要に応えて重要な貢献をなした。これらの生産活動はいずれも，1815年以前から農村経済の一部になっていた。製鉄は薪や木炭の生産，製粉に比べれば資本集約的であるが，この地域にはそれらに投資する人物がいたのである。農村の人々は都市向けの生産を，またその援助を行っていた。

　農村型事業は地元と地域外の労働力を利用した。デラウェア製鉄所の管理人の手紙は，製鉄所の生産が一段落するごとにかなりの人の移動があったことを示唆している。管理人，ライト，そして労働者の間で複雑な取引が行われた。労働者同士もライトの製鉄所について，また他の製鉄所について，情報を交換した。ライトと管理人は，注文のあった鋳物にふさわしい技能をもった労働者を雇用し続けたかった。ライトが2つの製鉄所で生産のタイミングを調整したことはその現れである。

　地元の農民と土地なし労働者にとって，農村型事業が提供する雇用機会は便利なものであった。彼らはその他の（主に農場での）仕事の都合に合わせて，短期でも長期でも働くことがあった。ニュージャージーの土地を持たない農民は，1日単位でも月単位でも農場で働いており，技能がある者は，職

---

9) United States, *Abstract of the Statistics of Manufactures, According to the Returns of the Seventh Census*, Jos. C. G. Kennedy, superintendent (n.p., 1859; reprint, New York: Norman Ross Publishing Inc., 1990), 33. ちなみにMichael Williams, "Products of the Forest: Mapping the Census of 1840," *Journal of Forest History* 24: 1 (January 1980): 7, 9, は1840年の薪生産のデータを分析している。ニューヨークが105万8923束で他を引き離しての第1位で，ニュージャージーが34万602束で第2位である。32万3663束のヴァージニアが第3位に入り，ミシガンが30万5197束で差をつめてきている。

人としての仕事も行っていた。土地を持つ農民から信頼を得た場合，年単位で雇われることもあれば，農場を分益借りすることもあった。農場で賃金労働するのは普通のことだったので，彼らは農村型事業に物資搬送係として，また短期・中期雇いの伐採夫として賃労働した際も，働き方が変わったという意識はもっていなかった。ライトの農場で月単位，あるいは年単位で働いていた者は，搬送係をしても，それで別個に支払いを受けてはいない。日雇いの者の場合，農村型事業での日雇いも，収穫時などに農場で日雇いされるのと同じことであった。彼らは農業と事業の両方に足がかかっており，複合型農場の領域と資本主義的事業の領域の間を行き交っていたのである。両者の間に壁があったとすれば，その壁には穴があいていたことになろう。ただしライトはこうした農民だけでは長期にわたる作業を支えられないと考え，外部から伐採夫を連れてきている。

　労働力の管理は，もともとは大きな問題にならなかった。農村の事業家は，彼らを十全に働かせえた場合に考えうるほどには成果が得られないことを，受け入れねばならなかった。事業の肝心な業務については，規律ある働きぶりを終日維持するよう求めてもうまくいかないことは，アララト会社のジェイムズ・アップルゲイトの事例で明らかであり，同じことは，グリーンウッドで働いた木炭焼きのヘンリー・ムーアについてもいえるかもしれない。彼らは自分のペースで働いた。こうした事業のための労働は，農場労働の合間の仕事だったという位置づけがあったゆえだっただろうし，他の雇い先も考ええたことも，理由の１つであろう。逆に，製鉄所の熟練鋳物工たちは次第にライトに依存していった。監督が仕事ぶりに規律を要求していく余地が生じていたといえる。

　都市出身者であれ農村在住者であれ，農村型事業を手がけた事業家は，新しい経済活動とそれに必要な資源を農村に持ち込んだのではない。彼らは，資源は苦労なく手に入ると確信して，以前からの経済活動を新しい事業として営んだ。したがって，農村が1815年以降に根本的に再編成されたと考えるべきではない。地元から農村型事業に関与した農民は，自分の仕事が都市の，またさらに広域的な経済ネットワークの一部であっても，自分が行ってきた農場に関係する仕事から大きく離れるとは考えていなかった。農村なり

終章　共和国初期における農村型事業の位置

のやり方でよければ，農村はこうした地域的な，あるいは地域間の経済ネットワークに関わる備えはいつでもあったのである。

　だがこうしたネットワークとの関係が深まっていくと，遅かれ早かれ，関係の仕方そのものの見直しが必要になってくる。農村型事業はその脆弱性ゆえに，どれだけ規模を拡大できるかといえば限界があり，特に最大の限界は資源が継続的に入手できたかどうかであった。ニュージャージーでも小麦栽培が衰えたり，無煙炭の使用が広まって薪に対する需要が減ったりした。鉄分を含む泥土が使えなくなること，鋳物工場での生産が一般化していくことにより，農村の製鉄所は終焉を迎える。

　本書で扱った農村型事業は，農村の特定の環境に基づいており，その限定の下で地域的な経済に貢献した。それらは地域全体の空間的再編成が進むと，場所を失っていく。地理的統合の進行と製品に対する要求水準の上昇により，遠隔地からでも最適な資源を取り寄せることが可能かつ必須になったため，ニュージャージーに資源があったとしても，もはやそれは同州で事業を営む理由にはならなくなった。だが1850年に至っても木炭生産が盛んだったことは，農村が都市や地域経済に貢献する力を，ささやかながら保持していたことを思い起こさせる。リチャード・ウォルンとサミュエル・ライトの事業活動は，最終的には失敗したとはいえ，同時代のアメリカの経済の中では例外でも時代錯誤的でもない。それは共和国初期の経済のまっとうな，れっきとした構成要素であった。

あとがき

　本書は筆者の博士論文の約 4 分の 3 を日本語に改め，その後に行った調査と，新たに収集した研究文献とを踏まえて加筆したものである．博士論文をもとに複数の論考を発表しているので，以下に既発表の論考と本書各章の対応を示したい．いずれも，本書に収めるにあたって多くの加筆を加えている．

「近年の共和国初期研究における市場関係の再考　北部農村部研究を中心に」『人文研究』（千葉大学文学部）第 36 号（2007 年 3 月），181-200 ページ　（序章の一部）

"A Grist Mill and Its Two Markets: Wheat and City-Country Relationship in the New York-Philadelphia Area during the 1780s."『アメリカ太平洋研究』（東京大学大学院総合文化研究科附属アメリカ太平洋地域研究センター）2（2002 年 3 月），163-181 ページ　（第 1 章）

"Cordwood, Steamboats, and the Men in between: A Portrait of Early Rural Entrepreneurship in Central New Jersey, 1813-1816." *New Jersey History* 120: 1-2（Spring/Summer 2002）: 3-31．（序章の一部と第 2 章）

"Rural Enterprise and the Northern Economy in the Early Republic: The New Jersey Charcoal Venture as a Test Case." *The Japanese Journal of American Studies* 15（2004）: 97-113．（日本語版「19 世紀前半のアメリカ合衆国北部における農村型事業の位置　ニュージャージー州の木炭生産業の事例」『人文研究』第 34 号（2005 年 3 月），133-151 ページ）　（第 3 章の一部）

「一九世紀前半のアメリカ合衆国における農村型事業の変質　ニュージャージー州南部の製鉄所における労働管理」『千葉史学』（千葉歴史学会）55（2009 年 11 月），13-28 ページ　（第 4 章の一部）

　今にして思えば，研究を始めたころの筆者の関心は，18 世紀後半の革命の時代と，今日の用語でいう国民国家の時代の 2 つに挟まれた時期の独自性，特に自由主義の実践のあり方にあった．アメリカ史を専攻する大学院生の圧倒的多数が現代外交か 19 世紀末以降の移民史，アイデンティティ論に取り

組んでいた中で，周囲から浮いているのを気にしながら修士論文を書いた記憶がある．その後留学の機会を与えられ，先生方の途方もなく豊かな学識と院生たちの活発な議論に圧倒されながら，再び18・19世紀史を学んだ．博士論文のテーマを決めるにあたり，興味を感じていた都市と近郊農村の結びつき方について，資料館を訪れて手書きの史料を読み，そこから自分の関心を改めて掘り下げようと考えた．その結果が，事業活動の農村ならではの発露に注目するという本書の視座と，ニュージャージーという地域設定である．

したがって本書は，経済学・経済史よりもアメリカ研究と歴史学の関心に基づいていて，史料を参照して具体例を検討することに重点を置いている．史料から議論を作りたいと考えたからだが，どこまで成功したかといえば，己の能力の低さばかりを感じる．言うまでもないが，本書のいかなる弱点も，すべて筆者の責任である．読者諸賢の厳しいご判断を待ちたい．本書が日本における18・19世紀アメリカ史研究の活発化につながるなら幸いである．

この研究が形をなすまで，数多くの方々から支援をいただいた．まず，博士課程修了まで導いてくださったコロンビア大学歴史学部の先生方に感謝したい．バーバラ・フィールズ先生とエリック・フォーナー先生の授業は，深く考え，調べ，叙述することが持つ力を実感させてくれた．ハーバート・スローン先生の演習では腰を据えて植民地期・革命期の文献を読むことができ，また先生はいつも気さくに相談に乗って下さった．エリザベス・ブラックマー先生が嬉々として草稿を読み，前向きのコメントを下さったことも忘れがたい．そして，この研究はリチャード・ブッシュマン先生（現名誉教授）のご指導あっての成果である．先生のアパートの守衛さんに草稿を預けると，先生はいつもすぐに目を通され，たくさんのコメントを別紙にまとめて2日以内に面談してくださった．調査・執筆は長期間に及んだが，先生は温かみのあるさりげない言葉と気配りを絶やさず，筆者を支えてくださった．先生に改めて深く感謝したい．

日米教育委員会（フルブライト委員会）には，アメリカで学ぶための支援と，世界各地からの留学生と交流する機会をいただいた．しかも筆者は研究を始めると同時に，フルブライト講師として日本に教えにいらしていたジュディス・バビッツ，デイヴィッド・ジャフィー両先生から，アメリカでの研

究の動向を手ほどきしていただいた．コロンビア大学で学び始めてからも，ジャフィー先生には通りを挟んですぐ近くから，バビッツ先生にはワシントンから，支援と激励をいただいた．ジャフィー先生と一緒に日本にいらしたバーバラ・ブルックス先生も，何度も議論につきあってくださった．この「あとがき」を執筆中にブルックス先生の訃報を聞いた．謹んでご冥福をお祈りしたい．

東京大学の先生方は筆者に，理解が深まるまで何度でも躓き，もがく時間を下さった．新川健三郎先生（現名誉教授）は，よく口にされた「あなたなりにね」という言葉どおり，「自分なり」の勉強しかできない筆者の背中を押してくださった．能登路雅子先生（現名誉教授）と遠藤泰生先生は，一見理解しにくい研究を続ける筆者を見守り，本書の刊行を慫慂された．古矢旬先生（現北海商科大学），矢口祐人先生，シーラ・ホーンズ先生，西崎文子先生にも，題材や切り口は変わっても，今後も少しずつ研究を続けることを報告したい．本書は，現在の勤務先である東京大学大学院総合文化研究科附属グローバル地域研究機構・アメリカ太平洋地域研究センター（CPAS）の，アメリカ太平洋研究叢書の１冊として刊行される．図版の一部にはCPAS図書室の所蔵コレクションを使わせていただいた．便宜を図ってくださった司書のみなさんに感謝したい．

博士論文の調査と執筆中に受けた支援にも改めて感謝したい．数多くの資料館を訪れて史料を収集できたのは，ニュージャージー州政府歴史委員会と松下国際財団の助成のおかげである．ハグリー博物館・図書館からは２度にわたって短期研究助成を受け，フィラデルフィア組合図書館には初期アメリカ経済・社会研究プログラムの短期フェローにしていただき，本書の骨格をなす史料を閲覧した．また数多くの資料館で，アーキビストの方々が重要な史料の存在を教えてくださった．

帰国後には千葉大学に身を置くことを許された．法経学部の秋元英一先生（現名誉教授）は，現在進行形の現象も経済史として掌握していらした．末席を汚した文学部史学科では，学生諸君が史料を積極的に集めて中身の濃い論文を書いてくれ，新米教員は多くのことを学んだ．南塚信吾先生（現名誉教授）と小沢弘明先生には，広い視野で考えることの大切さも教えていただ

いた．秋元先生・南塚先生・小沢先生の科学研究費補助金で渡米させていただき，少しずつ集めた史料や文献が本書には生かされている．史学科で学んだことは，今後も筆者の研究にとって水や肥料であり続けるだろう．

　大学院入学以来今日まで，先を進む友人たちの背中は，筆者にとって大きな刺激であった．直接に激励してもらったことも多い．石山徳子，鎌田遵，加藤順子，田中景，梅崎透，櫛田久代，土田映子，浜井祐三子の各氏に感謝したい．アメリカでも日本でも，力づけてもらうばかりだったが，今後少しでもお返しできればと思う．

　本書のような地味な研究を世に問うことができるのは，財団法人アメリカ研究振興会の研究図書出版助成のおかげである．深く御礼申し上げたい．筆者の能力のため本書に十分に反映させるには至らなかったが，査読してくださった同振興会の先生方からも，有益な学問的指摘を数多くいただいた．篤く感謝申し上げる次第である．また東京大学出版会の後藤健介さんは丁寧な編集をしてくださり，そしていつも前向きに筆者と伴走してくださった．勤務先の業務に忙殺されながらも原稿に向き合いえたのは，後藤さんの激励が大きい．改めて御礼を申し上げたい．

　時間をかけて学び，調べてたどりついた本書だが，家族には，然るべき時間の使い方には見えなかったかもしれない．それでもこの研究は，家族が許容し，支援してくれたからこそ始まりえて，本書に至りえた．父・橋川隆と母・橋川園子，弟・橋川健祥に感謝したい．

2013 年 4 月　研究室にて
橋 川 健 竜

人名索引

あ 行

アップルゲイト，ジェイムズ　104-06, 107-13
アップルビー，ジョイス　21
ヴィッカーズ，ダニエル　28
ウィレンツ，ショーン　18, 22-23
ヴィンセント，アイザック　96-97, 102
ウェイブルズ，ウィリアム・D　121, 141
ウォルン，リチャード　48, 51
ウッド，ゴードン　21-22
ウルジー，ジェレマイア　108
オグボーン，ウィリアム　95

か 行

カミング，ジョン・N　87, 89, 91-92, 109
グヴァヌア，サミュエル・L　159
クラーク，クリストファー　17, 32
クレメンス，ポール　34, 95

さ 行

サッチャー，デイヴィッド　122-23
スクラントン，フィリップ　38
スティーヴンス，ジョン　116
ストット，リチャード　187
スワートワウト，サミュエル　11, 13
スワートワウト，ジョン　11
スワートワウト，ロバート　11, 13
セラーズ，チャールズ　20-21

た 行

ダウニング，ジェイコブ　48, 74, 126
チェンバレン，ジェイムズ　96-97
テイラー，モーゼス　180
デカター・バラス，ラッカー　106
デュランド，ジョン・P　87, 89
テン・アイク，ピーター　66
ドァフリンガー，トーマス　48, 117, 130, 132, 155
ドリンカー，ヘンリー　125-26

は 行

バーナード，デリック　141
ハウエル，ベンジャミン・B　170-73
パスコフ，ポール　179
フィリップス，ウィリアム・H　174-75
フィリップス，モーゼス　164
フォード，ゲイブリエル　165, 175-77
ブッシュマン，リチャード　28
ブディノー，エリシャ　87-89, 92
プライス，ルイス　96
フルトン，ロバート　6, 82, 86
ベジス=セルファ，ジョン　117, 132
ホームズ，ジョセフ　58, 74
ボストウィック，ジョン・H　144, 147-48, 150
ホッジズ，グレアム・ラッセル　96
ポッター，イフレイム　140, 177
ポッツ，リチャード　74

ま 行

マニング，ウィリアム　22-23
マレー，ウィリアム　3-6
メリル，マイケル　22-23

ら行・わ行

ライト，ガーディナー　158, 164, 168, 170, 175, 178
ライト，サミュエル・G　81, 85, 89, 93, 105, 111-13, 116
ライル，ヘンリー　54, 56
ラザーフォード，ジョン　10, 119
ラトガース，ジェラード　2, 4, 6, 10
リード，チャールズ　125
リヴィングストン，ロバート・R　10, 82
リチャーズ，サミュエル　127, 164, 167,

　　　　169, 173, 175
リチャーズ，ジェシ　127, 137, 154, 157,
　　　　169-70, 178-79
リチャーズ，トーマス　164, 173, 175
リチャーズ家　126-27
リッジウェイ，サミュエル　137-39

リンドストローム，ダイアン　136
レイ，ジョナサン　91-92, 105, 112
ローゼンバーグ，ウィニフレッド　25
ロビンズ，ランドール　95
ワッカー，ピーター　36, 50

事項索引

あ 行

アッパー・フリーホールド・タウンシップ　51, 57-59
アトシオン　126
　──製塩所　125
アララト　90, 94-96, 98, 100-01
鋳物工　132-35
イリノイ　119, 175
ヴァージニア　56, 75
ウィルミントン　72-73
運河　162
　エリー──　14
　モリス──　162
エトナ製鉄所　157-58
エリー運河　14
塩田　119, 122

か 行

キューポラ　168, 179
強化（intensification）　32-33
恐慌
　1837年──　176
　1839年──　176
御者　154
グリーンウッド　144-45, 149
グロスター・プレイス　136-37, 140-41
経済活動の強化　35
鉱山
　ハイバーニア──　176
　マウントホープ──　173, 179-80
コールドスプリング　159
コムギタマバエ　73, 75
小屋住み農　30

さ 行

サウス・アンボイ　52, 62, 64-65, 90
　──タウンシップ　90-100
サウス川　62, 64-65, 104
サセックス・カウンティ　120
自家消費　16-19, 21, 24, 29, 49
自給自足　20-21
資産価値　161
市場革命論　15, 21
資本主義的事業　192
自由主義　22
　──秩序　20
十分な備え（資産）のある（competent）　28, 30, 33, 43
蒸気船　6, 14
　──会社　105-06
商業的農業　16, 22, 31
水道管　167
製塩業　122
製塩所　123-24
　アトシオン──　125
製鉄事業　117
製鉄所
　エトナ──　157-58
　デラウェア──　121, 132, 134, 140-41, 158, 168-70
　ドーヴァー──　131, 135, 145-46, 168, 170-72
　バーゲン──　158
　バトスト──　156, 178-79
　ミルヴィル──　130
1837年恐慌　176
1839年恐慌　176

た 行

樽職人　60
中部大西洋岸　30
調理ストーヴ　142, 166
デラウェア　119
　──川　61
　──製鉄所　121, 132, 134, 140-41, 158,

168-70
ドーヴァー　159
――製鉄所　131, 135, 145-46, 168, 170-72
投入係　155
トムズ・リヴァー　119, 124, 140
トレントン　53, 59, 124

な行

南部　19
ニューアーク　7, 12, 87
ニュージャージー州　33-36
ニュー・ブランズウィック　62, 64-65
ネットワーク　32, 36, 162, 164
農村型事業　39, 43-44

は行

バーゲン製鉄所　158
ハイバーニア鉱山　176
パイン・バレンズ　124
伐採夫　172
バトスト製鉄所　156, 178-79
ハドソン川　61
ハドソン渓谷　31
皮革加工業　186
東ジャージー領有者評議会　119, 171
複合型農業（農場）　28, 30, 32, 49, 119-20

プロト工業化　43
ボーデンタウン　7, 12, 64, 67, 108
ポーラス・フック　7, 12, 85-86, 108

ま行

マウントホープ鉱山　173, 179-80
ミルヴィル製鉄所　130
無煙炭　142, 162
メリーランド　75
メリノ羊　10, 88-90
メリノ・ヒル農場　93-94, 96, 119-20, 146
木炭　142, 190
――生産　155
木炭係　154
モリス運河　162
モリス・カウンティ　160-62, 165
モンマス・パーチェス会社　172-73

や行

有益製造業設立協会（SUM）　88
ヨーク・アンド・ジャージー蒸気連絡船会社　85-86, 88, 92, 106, 116

ら行

ラリタン川　52, 65, 90
連邦センサス　34, 46, 184, 186-88, 190-91

著者略歴

1969年　神奈川県生まれ
1992年　東京大学教養学部卒業
2002年　コロンビア大学大学院修了（Ph.D.）
　　　　千葉大学文学部専任講師，同准教授をへて
現　在　東京大学大学院総合文化研究科附属グローバル地域研究機構
　　　　アメリカ太平洋地域研究センター准教授

［主要著書］

"Cordwood, Steamboats, and the Men in between: A Portrait of Early Rural Entrepreneurship in Central New Jersey, 1813-1816." *New Jersey History* Vol. 120, No. 1-2（Spring/Summer 2002）
"Rural Enterprise and the Northern Economy in the Early Republic: The New Jersey Charcoal Venture as a Test Case." *The Japanese Journal of American Studies* No. 15（2004）
『アメリカ史研究入門』（第3版）（共著，山川出版社，2009年）

［アメリカ太平洋研究叢書］
農村型事業とアメリカ資本主義の胎動
共和国初期の経済ネットワークと都市近郊

2013年5月31日　初　版

［検印廃止］

著　者　橋川健竜（はしかわけんりゅう）

発行所　一般財団法人　東京大学出版会

代表者　渡辺　浩

113-8654　東京都文京区本郷 7-3-1　東大構内
http://www.utp.or.jp/
電話 03-3811-8814　Fax 03-3812-6958
振替 00160-6-59964

印刷所　株式会社三秀舎
製本所　誠製本株式会社

© 2013 Kenryu HASHIKAWA
ISBN 978-4-13-026145-6 Printed in Japan

JCOPY　〈(社)出版者著作権管理機構 委託出版物〉
本書の無断複写は著作権法上での例外を除き禁じられています．複写される場合は，そのつど事前に，(社)出版者著作権管理機構（電話 03-3513-6969,FAX 03-3513-6979, e-mail : info@jcopy.or.jp）の許諾を得てください．

書名	著者	判型・価格
アメリカ研究入門［第3版］	五十嵐武士 編 油井大三郎	A5・2800円
アメリカ20世紀史	秋元英一 菅 英輝	A5・3400円
アメリカニズム	古矢 旬	A5・5800円
アフリカン・アメリカン文学論	荒このみ	A5・4800円
［アメリカ太平洋研究叢書］		
日米関係と東アジア	五十嵐武士	A5・4200円
多文化主義のアメリカ	油井大三郎 編 遠藤泰生	A5・3800円
アメリカン・ライフへのまなざし	瀧田佳子	A5・3500円
メロドラマからパフォーマンスへ	内野儀	A5・3800円
クレオールのかたち	遠藤泰生 編 木村秀雄	A5・4400円
浸透するアメリカ、拒まれるアメリカ	油井大三郎 編 遠藤泰生	A5・4000円
迷宮としてのテクスト	林 文代	A5・6200円
アメリカン・ナルシス	柴田元幸	A5・3200円

ここに表示された価格は本体価格です．御購入の
際には消費税が加算されますので御了承下さい．